$C^2 e-1$

G. 1. 10. 1.

C II C.J

CONJECTURES PHYSIQUES

SUR

DEUX COLOMNES DE NUË

QUI ONT PARU

DEPUIS QUELQUES ANNE'ES,

& sur les plus extraordinaires effets du Tonnerre.

Avec une explication de ce qui s'est dit jusques icy des Trombes de mer.

Et une nouvelle addition, où l'on verra de quelle maniére le Tonnerre tombé nouvellement sur une Eglise de Lagni, a imprimé sur une nappe d'Autel, une partie considérable du Canon de la Messe.

A PARIS,

Chez la Veuve de SEBASTIEN MABRE-CRAMOISY, Imprimeur du Roy, ruë Saint Jacques, aux Cicognes.

M. DC. LXXXIX.

AVEC PERMISSION.

AVERTISSEMENT.

Rémarquez, que quoy-qu'il y ait plusieurs années que ces Méteores ont paru, l'Auteur de ces conjéctures en parle comme s'ils ne venoient que d'arriver; parce que ce fut dés le temps mesme auquel ils parurent qu'il écrivoit ces conjéctures.

Le Tonnerre nouvellement tombé à Lagny a donné lieu à l'addition qu'on a mise à la fin de ce petit Ouvrage. Il servira à confirmer le public dans les conjéctures qu'on a tirées de celuy de Soissons; & on sera bien aise en mesme temps d'y voir les effets les plus singuliers & les plus bizarres du Tonnerre.

LA COLOMNE DE NUË,

OV

CONJECTURE PHYSIQUE *sur la nature d'un Météore, qui sous la forme d'une Colomne de nuë parut dans le voisinage de Reims le 10. Aoust 1680.*

DESSEIN.

I. ON est peu d'accord aujourd'huy sur l'usage qu'on doit faire de la Philosophie naturelle dans les matiéres de la Religion.

A

II. Il y en a qui ne veulent rien croire que ce qu'ils peuvent ajuſter avec les foibles lumiéres dela rai-ſon, qui rapportent indifféremment aux meſmes principes les ef-fets de la nature & ceux de la gra-ce ; qui s'imaginént que nos myſt-téres ne pourroient ſubſiſter ſans les notions de leur Philoſophie, & d'une Philoſophie ſouvent fort ex-travagante, & qui font enfin telle-ment dépendre la Religion de la ſcience humaine, qu'ils ſe perſua-dent qu'il faut renoncer à l'une ou à l'autre, dés qu'on apperçoit entre elles quelque ombre d'oppoſition.

III. Les autres au contraire pré-tendent que c'eſt ignorer & la Philoſophie & la Religion, que de croire que l'une ſe puiſſe expli-quer par l'autre ; que rien n'eſt plus contraire à la Religion que la ſuppoſition de quelques principes naturels à l'évidence deſquels on doive indifféremment rapporter les effets de la nature & ceux de la grace ; que la science humaine ne pouvant rendre raison que des choses naturelles, ne peut élever noftre efprit à la connoiſſance du moindre effet de la grace ; enfin, que la fcience humaine & la ſcience de la Religion n'eſtant ni de meſme genre, ni fondées ſur les meſmes principes, rien ne peut eſtre plus contraire à la raiſon, que de vouloir faire ſervir les ſciences humaines à l'explication de nos myſtéres.

IV. On n'a garde d'entreprendre icy d'accommoder ce différend : un deſſein de cette nature demanderoit & plus d'étenduë que cét écrit n'en permet, & plus d'habileté qu'on n'en a. Les parties pourront peut-eftre d'elles-meſmes ſe raprocher quelque jour, en remettant quelque choſe de leurs prétentions.

V. Mais en attendant, ne ſeroit-ce point un milieu raiſonnable que de dire en faveur des uns qu'à la vérité l'uſage de la ſcience humaine n'eſt nullement néceſſaire

ni à l'établissement de la Religion, ni à son affermissement, ni
à la défense des dogmes, mais
qu'elle y peut estre de quelque
utilité; & que quelque différence
qu'il y ait des principes de la science humaine à ceux de la Religion,
cela n'empesche pas qu'aprés avoir
receû, sur la seule parole de Dieu,
les véritez révélées, on ne puisse
faire servir la Philosophie ou à
leur éclaircissement, ou à faire voir
qu'elles ne sont pas contraires à
la raison, ou enfin à la découverte des véritez qui en dépendent?

VI. Et ne seroit-ce pas assez donner aux autres, que d'ajoûter en
leur faveur, que nonobstant cette
utilité qu'on peut tirer de la Philosophie, on ne doit pas prétendre
mesurer au mesme pied les choses surnaturelles & celles de la nature, ni comprendre universelle-
ment les unes & les autres sous les
mesmes idées & les mesmes termes; qu'il faut user de beaucoup

de retenuë pour ne pénétrer pas
trop curieufement dans l'explication des myftéres, ou mefme pour
ne s'y engager pas mal à propos ;
& qu'enfin on doit eftre encore
plus réfervé à tirer les conféquen-
ces, afin de ne les pas outrer, &
de ne leur donner pas, comme on
ne fait que trop fouvent, plus d'au-
torité qu'il ne faut, en les éga-
lant aux principes ?

VII. C'eft une penfée dont on
laiffe le jugement aux habiles.

VIII. On peut cependant affû-
rer, que fi jamais l'ufage de la Philofophie eft permis, c'eft particuliérement lors qu'il s'agit de s'oppofer à des extravagances populaires, de güérir des terreurs paniques, de diffiper de vaines imaginations, de réfifter aux vifions
chimériques d'une multitude in-
fenfée, & d'enlever mille fentimens fuperftitieux, qui à l'afpect
des Phénomenes extraordinaires
que le Ciel fait quelquefois paroît

tre, faiſiſſent la pluſpart des eſprits peu verſez dans la ſcience
des cauſes naturelles.

I X. C'eſt préciſément le cas qui
engage aujourd'huy à philoſopher,
& à faire uſage du peu qu'on a de
connoiſſance de la Phyſique.

X. Un de ces Phénomenes a depuis peu paru dans le voiſinage de
Rheims, & il n'en a pas fallu davantage pour produire, je ne dis
pas ſimplement dans l'eſprit du
peuple, mais dans celuy de perſonnes d'ailleurs aſſez raiſonnables, mille impreſſions pareilles
à celles dont on vient de parler,
c'eſt-à-dire, ridicules, extravagantes, ſuperſtitieuſes.

XI. Il faut avoûër néanmoins,
que ſi ces foibleſſes pouvoient recevoir quelque excuſe, on la trouveroit dans la rareté de ce Phénomene; car il eſt vray qu'on ne
ſçait ſi depuis la fameuſe Colomne de nuë qui conduiſit autrefois
les Iſraëlites dans le deſert, il a

rien paru de plus surprenant sur la terre, puis qu'effectivement c'en estoit une apparemment peu différente, quant à la figure, de celle dont parle le texte sacré. Ce qu'il y a de constant, est que les peuples de Champagne auroient eû peine à s'accoûtumer à ce spéctacle, puis qu'il jetta l'alarme & l'épouvante dans le cœur de presque tous ceux qui le virent de prés, & qu'un jeune homme en fut tellement saisi de frayeur, qu'il en mourut en deux fois vingt-quatre heures.

XII. Ce que l'on dira pour l'explication de ce Météore, pourra servir de reméde à de semblables impressions, & de préservatif contre de pareilles foiblesses ; car quoy - que l'hipothese qu'on formera ne soit peut-estre pas précisément celle selon laquelle ce Météore a esté produit, elle servira toûjours à faire voir que cét effet a pû estre purement naturel, & qu'ainsi il n'y a que l'esprit de su-

perſtition qui engage à y chercher du myſtére.

XIII. Pour garder quelque ordre dans cét écrit, nous commen-
cerons 1º par la deſcription du
Phénomene.

2º. Nous rapporterons les éclairciſſemens qu'on en a eûs, aprés
une éxacte information.

3º. Enfin nous propoſerons noſtre conjécture.

CHAPITRE PREMIER.

Deſcription du Phénomene.

I. LE dixiéme d'Aouſt, ſur les
cinq heures & demie du
ſoir, le temps eſtant beau, & l'air
n'eſtant meſlé que de quelques
nuages répandus çà & là, qui n'em-
peſchoient pas que la plus grande partie de la campagne ne fuſt
éclairée du ſoleil, m'eſtant trouvé ſur une éminence d'où l'on dé-
couvre une fort grande étenduë

de païs, & qui forme à l'aſpect
un demi-cercle dont le rayon eſt
en pluſieurs endroits de prés de
dix-huit lieuës, je mis la teſte à la
feneſtre, & je n'eûs pas plûtoſt
jetté les yeux ſur la plaine, que
j'apperceûs à une lieuë de la maiſon où j'eſtois, & dans un endroit
fort découvert & fort degagé de
bois & de baſtîmens, l'apparence
d'un fort grand fourneau, dont les
flammes meſlées de fumées & de
cendres formoient une eſpéce de
piramide aſſez haute. Il eſt vray
que ces flammes ne me paroiſ-
ſoient pas fort lumineuſes : mais
j'attribuay ce defaut à l'action des
rayons du ſoleil qui donnoient
actuellement ſur la piramide.

II. La nouveauté d'un ſpéctacle
ſi ſurprenant me faiſant penſer à ſes
cauſes, mon admiration & mon
embarras ne s'accrurent pas peu,
lors que du faiſte de cette piramide j'apperceûs une eſpece de
colomne de deux pieds de dia-

métre par le bas, qui diminuant imperceptiblement, s'élevoit juſques à une nuë un peu plus grande & plus épaiſſe que les autres, qui répondoit juſtement au deſſus de la piramide.

III. Je dis juſques à la nuë; il y a ſi peu d'éxagération & d'illuſion, qu'on voyoit ſenſiblement la nuë s'alonger en cét endroit pour recevoir & joindre cette colomne, & pour luy former une éſpéce de chapiteau; de ſorte que comme la colomne eſtoit beaucoup plus lumineuſe que la piramide, & de meſme couleur que la nuë qui eſtoit alors aſſez éclairée du Soleil & aſſez brillante, à regarder la colomne du coſté de la piramide, on l'euſt priſe pour une groſſe fuſée volante qui s'élevoit juſqu'aux nuës; & à la conſidérer du coſté de la nuë on l'euſt priſe pour la nuë meſme qui s'alongeoit juſqu'en terre. En voicy la peinture.

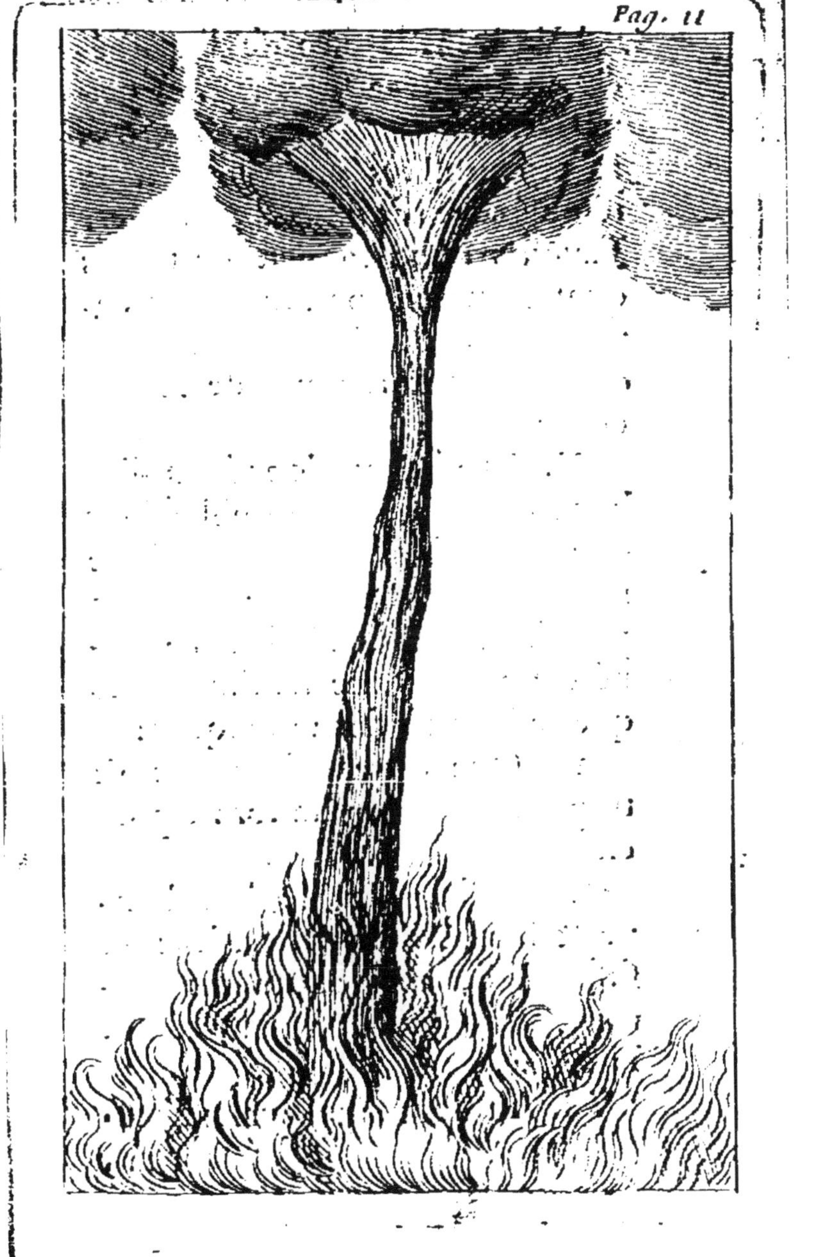

I V. Dans la surprise d'un spéctacle si nouveau, pouvant à peine en croire mes propres yeux,
je pensay à les autoriser par le
témoignage de ceux des autres.
J'avertis donc en peu de temps
quatre ou cinq personnes qui eû-
rent encore l'espace d'un quart
d'heure entiér le plaisir de ce spéctacle.

V. La pluspart donnérent d'a-
bord dans la pensée qu'il falloit
que ce fust l'incendie de quelque
maison dont la fumée montoit
jusqu'aux nuës; mais ils abandon-
nérent aisément ce sentiment dés
que je leur eû fait remarquer:

1°. Que cette colomne estoit
trop droite & trop uniforme pour
estre une fumée.

2°. Que la piramide, la colomne & la nuë à laquelle elle estoit
suspenduë, avoient un mouvement assez sensible à peu prés du
Nord au Sud.

V I. Au bout d'un quart d'heure,

re, ce que j'avois appellé de fpéctateurs ayant efté obligez de fe
retirer pour quelque affaire, je
perfevéray au mefme pofte, dans
l'efpérance d'avoir, avec le temps,
plus d'éclairciffement fur ce Phénomene. J'eûs du moins la fatis-
faction de le voir encore un grand
quart d'heure, & je le conduifis
des yeux l'efpace de plus de trois
lieuës, jufqu'à ce qu'enfin il me
fut dérobé par un orage que je
voyois venir il y avoit plus d'un
quart d'heure, & qui eftoit porté
d'un vent, non pas directement
oppofé à celuy qui portoit la colomne, mais qui concouroit avec
luy dans un angle de prés de foi-
xante degrez, dont le fommet re-
gardoit l'Orient.

VII. Je demeuray donc ainfi
fort indéterminé fur la nature de
ce Météore ; & quelque inftance
qu'on me fift pour m'obliger d'en
dire mon fentiment, mon unique
réponfe fut que je le croyois fort

naturel, mais que je n'en pouvois dire davantage, à moins que je n'en eusse observé les effets.

VIII. Il est vray que deslors il me vint dans la pensée que cette colomne pourroit bien avoir esté produite par un écoulement de la nuë, qui s'estant crevée par le bas, versoit ses eaux par cette ouverture, comme par une goutiére : mais parce que la vérité de cette conjécture dépendoit de l'inspection des lieux & de l'observation du détail des effets, je suspendis toutes mes veuës jusques à une plus ample information.

<hr>

Chapitre II.

Eclaircissemens singuliers sur la nature du Météore.

I. DE's le lendemain de l'apparition de ce Phénomene, ayant appris de quelques paï-

ſans des quartiers où il avoit paru,
qu'il avoit cauſé beaucoup d'eſ-
froy ; qu'un jeune homme en a-
voit eſté tellement ſaiſi, qu'il en
gardoit le lit ; qu'on diſoit avoir
veû des choſes ſurprenantes dans
cette colomne, & qu'on en eſtoit
furieuſement alarmé : je me dé -
terminay à me tranſporter ſur les
lieux, dans l'eſpérance d'y trouver quelque éclairciſſement ; &
je ne fus pas trompé dans mon
attente.

II. Je viſitay quatre villages
qui avoient eû la veüë de ce Météore, & je me rendis à un cinquiéme ſur lequel la colomne de
nuë avoit paſſé. Je queſtionnay
prés de vingt perſonnes de ceux
qui avoient veû ce ſpéctacle, &
je trouvay tout le monde dans
une pareille alarme & une égale
épouvante.

III. On me fit voir le jeune
homme qui en avoit eſté ſi vive-
ment frapé : mais je n'en pû tirer

nul éclaircissement, parce que le saisissement où il estoit luy ostoit l'usage de la parole ; & il en mourut quelque temps aprés.

IV. Je n'aurois tiré guéres davantage de lumiére de tous les autres, si je m'en estois tenu à ce qu'ils m'en disoient.

V. Les uns ne me parloient que des dragons enflammez dont cette colomne estoit pleine,

VI. Les autres avoient veû une échelle qui s'étendoit de la terre au ciel, & par laquelle des Anges montoient & descendoient.

VII. Il s'en trouva qui avoient veû une Croix aussi haute que le Ciel, & un Christ attaché sur cette Croix,

VIII. Ceux-cy avoient veû des animaux d'une espéce particuliére, ceux-là asseûroient que c'estoient des Démons.

IX. D'autres avoient eû des visions aussi extravagantes ; & tous enfin, non-seulement le peuple qui se fait un plaisir de trouver des mystéres dans tout ce qui tient dé l'extraordinaire, mais des personnes mesme assez distinguées du commun, ne me parlérent de ce Météore que comme d'une chose toute mystérieuse.

X. L'un de ceux-cy entre les autres, qui d'ailleurs a de l'esprit, & qui s'estoit trouvé assez prés de la colomne, ne m'en voulut presque parler qu'à l'oreille, me disant qu'il falloit que les sorciers & les démons fussent de la partie, & que seûrement il avoit veû une effroyable quantité de corbeaux dans cette colomne.

X I. De sorte que la voix commune alloit à regarder ce Météore comme un de ces signes qui doivént servir de disposition au jour du Jugement, ou du moins comme quelque chose d'un tres-sinistre augure, & d'un funeste présage.

X I I. Cependant, comme ce

n'eſtoit pas là ce que je cherchois; aprés avoir fait mes efforts pour les raſſeûrer, je m'informay quels effets ce Météore avoit produits ; quelles impreſſions il avoit faites dans les lieux où il avoit paſſé; s'il y eſtoit tombé de la pluye; de quelle groſſeur & de quelle couleur la colomne leur avoit paru.

XIII. A ces queſtions, tous ceux qui avoient veû de prés ce Phénomene firent ces réponſes.

1°. Que par tout où la colomne avoit paſſé, il y avoit eû un furieux tourbillon de vent, qui ſe faiſoit également entendre par ſon bruit, & ſentir par ſa violénce.

2°. Que ce tourbillon enlevoit à une fort grande hauteur les corps un peu mobiles qui ſe trouvoient ſur ſa route, & qu'il diſloquoit ou ébranloit extraordinairement ceux qui avoient plus de conſiſtence.

3°. Que l'on voyoit, dans les

champs, les javelles d'avoine enlevées à la hauteur des plus hautes maisons, & que le toit d'une
grange en avoit mefme efté enlevé, ce que l'on me fit effectivement voir.

4°. Que ce vent n'avoit laiffé
aprés foy ni pluye, ni aucune humidité.

5°. Que la colomne leur avoit
paru à peu prés de la groffeur de
fix pieds par le bas.

6°. Que fa couleur eftoit la mefme que celle des nuës.

XIV. Ils ajoûtérent enfin qu'ils
eftoient fort heureux de ce que
perfonne ne s'eftoit trouvé préci-
fément fur la route de ce vent,
& que s'il y avoit eû quelqu'un,
il n'en feroit pas réchapé.

XV. Ce que me confirmérent
encore deux Bergers qui s'eftoient
alors trouvez à la campagne avec
leurs troupeaux, affez prés de la
route de cette colomne : car ils
fe félicitoient eux-mefmes de ce

qu'elle n'avoit pas paſſé ſur leurs troupeaux, aſſeûrant qu'il ne ſeroit pas reſté un mouton en vie. Ils ajoûtoient qu'il leur eſtoit arrivé pluſieurs fois, que de ces petits tourbillons de vents qui ſe forment quelquefois dans le milieu des plaines, & qui ſont infiniment moindres que celuy de la colomne de nuë, s'eſtant formez auprés de quelques moutons, ils les avoient veûs enfler ſubitement, juſques à crever ſur la place.

XVI. Je ne me contentay pas de ces éclaircissemens; & dans le deſſein de connoiſtre, autant que je le pourrois, par moy-meſme, les impreſſions de ce Météore, je voulus obſerver ſa route. Je n'eûs pas de peine à la trouver, & je ne fus pas hors du village, que j'en apperceûs une plus vaſte que les plus grands chemins de France, & à peu prés de la largeur de cent pieds.

XVII. Je la ſuivis une grande demie-lieuë, & je reconnus la vérité de ce qu'on m'avoit déja dit, sçavoir :

1°. Que ce tourbillon avoit tellement râsé toutes les terres nouvellement labourées, ou un peu mobiles, qu'il n'y paroissoit nul vestige de charruë, & qu'il sembloit qu'on eust pris plaisir à les ballier, & à les applanir.

2°. Que toutes les aveines qui se trouvérent sur sa route, (comme il s'y en trouva quantité) ou furent absolument terrassées, si elles n'avoient pas encore esté coupées ; ou si elles l'avoient esté, comme effectivement la plufpart l'estoient, qu'elles furent tellement dissipées & dispersées, qu'à peine en trouvoit-on deux brins ensemble, & transportées si loin, que souvent j'en trouvois davantage dans des champs où il n'y en avoit point eû cette année, que dans ceux d'où elles avoient esté enlevées.

Cette diſſipation d'avoine fut ſi réelle, que je rencontray ſur cette route des Fermiers, qui eſtant venus avec trois chariots pour recueillir leurs aveines, & n'en trouvant pas de quoy former une ſeule gerbe, furent obligez de s'en retourner à vuide.

XVIII. Aprés tous ces éclairciſſemens, je crus avoir aſſez de jour pour former une conjécture ; & voicy quelle elle fut.

CHAPITRE III.

Conjécture Phyſique ſur la nature de ce Météore.

POur donner à une conjécture Phyſique toute la vrayſemblance qui la peut rendre recevable, il ſemble qu'on ne puiſſe mieux faire que de former une hypotheſe ſimple, claire, nette, qui n'enferme rien que ce que tout le monde ſçait eſtre ; ou pouvoir eſtre dans la nature, & qui dans ſa ſimplicité rende raiſon de tous les effets qu'on prétend expliquer.

C'eſt ſuivant cette régle, qu'on croit en avoir imaginé une aſſez propre à expliquer tout ce qui a paru de plus ſurprenant dans le Météore qu'on vient de décrire.

On commencera par propoſer & établir cette hypotheſe, & puis on en fera l'application aux effets.

ARTICLE I.

Propoſition de l'hypotheſe, avec ſon établiſſement.

I. POur ne tenir pas plus longtemps les eſprits en ſuſpens, ma penſée eſt que ce ſurprenant Météore a eſté produit par une eſpéce d'*Eolipile* qui s'eſt formé dans les nuës.

II. Cela eſt bientoſt dit : mais

il faut l'expliquer, & l'établir ; &
comme on est bien-aise de rendre
les choses intelligibles, & mesme
sensibles à tout le monde, il est à
propos de commencer par quelques observations générales sur la
nature des nuës & des vents, &
puis on fera voir la formation de
l'Eolipile.

I.I.I. On sçait bien que ces observations ne seroient pas néces-
saires aux sçavans : mais il faut
s'ajuster à la portée de tout le
monde ; ceux à qui elles seroient
incommodes n'auront qu'à passer
pardessus.

Section I.

Observations générales sur la nature des nuës & des vents.

OBSERVATION I.

Les nuës. I. **I**L est peu de gens qui ne sça-
chent que la matière la plus
ordi-

ordinaire des nuës sont les vapeurs,
c'est-à-dire, ces parties insensibles de l'eau, qui dégagées les unes des autres par l'action de la chaleur, & élevées jusques à la moyenne region de l'air, y sont raliées par une action toute contraire ; & là, partagées en diverses portions, forment ces grands corps qu'on appelle nuës.

OBSERVATION II.

II. Quoy-que la matiére principale des nuës soient les vapeurs, cela n'empesche pas qu'il ne s'y mesle des exhalaisons, c'est-à-dire, des parties insensibles d'huile terrestre & de soufre ; & que celles-cy dégagées d'abord les unes des autres, & raliées en suite dans la moyenne région de l'air, ne puissent faire corps à part, & former de legers nuages.

OBSERVATION III.

III. Comme ces nuës sont fort

différentes dans leur figure, dans
leur volume, dans l'arrangement
plus ou moins ferré de leurs parties, en un mot, dans leur pe-
fenteur; aussi doivent-elles eftre
situées à d'inégales diftances de la
terre. Elles ne doivent pas fe
trouver toutes dans le mefme plan,
mais plûtoft fe difpofer par éta-
ges les unes au-deffus des autres,
felon le plus ou le moins de leur
pefanteur.

C'eft ce que la raifon enfeigne;
& ceux qui ne voudroient pas
l'en croire, n'auroient pour s'en
convaincre qu'à ouvrir les yeux
en plein jour, car cette difpofition de nuës eft fouvent fi fenfible, qu'on les voit agitées par des
vents contraires paffer les unes au-
deffus des autres fans fe choquer.

OBSERVATION IV.

Les vents.

IV. Pour les vents, tout ce
qu'il y a aujourd'huy d'habiles
Phyficiens conviennent que leur

matiére principale ne différe de celle des nuës que par son agitation; c'est-à-dire, que ce sont des vapeurs, lesquelles agitées par une chaleur extraordinaire, & tendant par ce mouvement à se répandre dans un espace beaucoup plus grand que celuy où elles se trouvent resserrées, forcent leurs prisons, & s'échapent par toutes les issuës où elles trouvent moins de résistance ; & cela avec d'autant plus de rapidité, que le mouvement de celles qui sortent est composé de l'effort & de tout l'empressement que celles qui sont encore renfermées font pour sortir.

V. Cette description se justifie par tout ce que nous connoissons de maniéres sensibles dont les vents s'excitent, soit que ces maniéres soient artificielles ou naturelles.

VI. Entre les artificielles, l'*Eolipile* est la plus fameuse : c'est

une efpéce de bouteille d'airain,
ou d'autre métail, de figure ronde, & dont l'ouverture eſt tres-
petite, telle qu'on la voit icy
repréſentée.

Pag. 28.

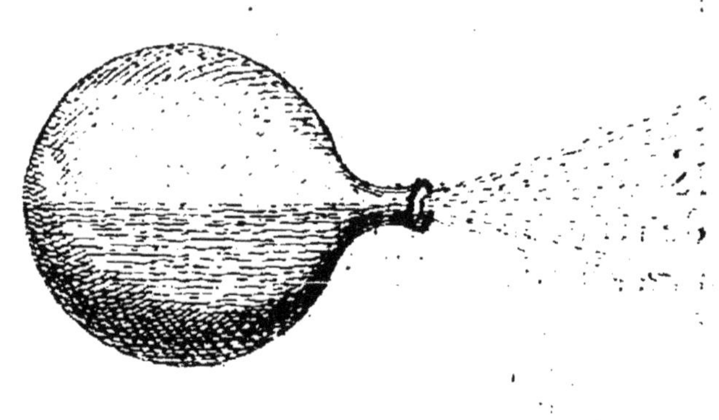

On verſe de l'eau dans cette
bouteille environ juſques à la moitié de ſa capacité; puis on la met
ſur le feu, dans la ſituation où
elle eſt icy repréſentée : l'eau n'en
a pas plûtoſt ſenti la chaleur,
qu'elle s'exhale en vapeurs ; &
celles-cy augmentant à tous mo-

mens en quantité & en mouvement, tendent par l'une & par
l'autre à se répandre dans un espace beaucoup plus grand que celuy de cette bouteille; & ainsi
faisant effort pour sortir, toutes
les forces dont elles se choquent
& se pressent conspirent ensemble à chasser violemment par la
petite ouverture les parties qui
en sont les plus proches, & à
produire un vent qui ne cesse
point que toute l'eau ne se soit
évaporée, ou qu'elle n'ait perdu
sa chaleur.

OBSERVATION V.

VII. Et ce qu'il y a de remarquable en ce vent, c'est qu'il se
fait sentir en trois manières.

1. A la veûë, parce que les vapeurs se pressant pour s'échaper,
leurs parties se trouvent à la sortie de la bouteille, assez proches
les unes des autres pour réfléchir
la lumière.

2. A l'oûïe, par le bruit qu'elles font en sortant.

3. Au toucher, parce qu'elles
ont assez d'agitation & de force
pour ébranler les fibres des parties du corps auquel elles s'ap-
pliquent.

OBSERVATION VI.

VIII. La nature nous fournit
une infinité de ces Eolipiles naturels. A peine peut-on estre un
demi - quart d'heure devant le
feu, sur tout lors qu'il est de bois
un peu vert, sans en voir une
fort grande quantité ; car pour
peu qu'il reste de séve ou d'humidité dans ce bois, dés qu'elle
est échaufée, elle s'exhale en vapeurs ; & celles-cy faisant effort
pour s'étendre, & pour s'échaper
des pores du bois, prisons trop
étroites pour leurs mouvemens,
elles suivent les routes où elles
trouvent moins de résistance ; &
comme la pluspart du bois est

percé, selon sa longueur, d'une infinité de tuyaux qui s'étendent d'un bout à l'autre, c'est par ces chemins couverts que les vapeurs coulant comme des torrens jusques à l'extrémité du bois, forment à la sortie un vent d'autant plus violent, que la chaleur est plus grande, & que les canaux par lesquels elles ont coulé, ont esté plus étroits & plus longs. Car tout le monde sçait que les liqueurs redoublent leur mouvement à mesure que le canal par lequel elles coulent, est plus étroit & plus long.

OBSERVATION VII.

IX. Ce n'est pas là le seul Eolipile que le feu nous fournit; il en fait voir quantité d'autres dans les pommes qu'on fait cuire peu à peu, dans les marons, dans les pois, & dans mille autres sujets.

OBSERVATION VIII.

X. Les montagnes dans le creux
defquelles il y a des eaux, qui
par des feux foufterrains s'échauf-
fent de temps en temps, forment des Eolipiles beaucoup plus
grands, & dont les vents font
bien d'une autre force & d'une
autre étenduë

XI. Enfin l'on peut affeûrer
qu'on ne fent prefque jamais de
vent dans la nature qui ne parte
de quelque efpéce d'Eolipile.

XII. Ces chofes ainfi fuppo-
fées, je dis qu'il me paroift tres-
vray-femblable que la colomne
de nuë a efté produite par un Eolipile qui s'eftoit formé dans la
nuë; & voicy de quelle maniére
je conçois que cela s'eft fait.

S E C T I O N II.

Formation d'un Eolipile dans les nuës.

I. POur former un Eolipile, il faut quatre ou cinq choſes.

1. Une eſpéce de vaſe.

2. De l'eau.

3. Du feu.

4. Que ce feu enleve & agite les vapeurs.

5. Une ouverture pour donner paſſage aux vapeurs.

II. Or il eſt aiſé de concevoir de quelle maniére tout cela a pû ſe trouver dans les nuës.

1. Pluſieurs nuës eſtant diſpo-
ſées par étage les unes audeſſus des autres, de maniére qu'un nua-
ge d'exhalaiſons ſe ſoit trouvé entre deux nuës de vapeurs, ſelon ce qui a eſté dit dans la troiſiéme obſervation, il a pû arriver qu'un vent chaud ayant ſouflé ſur la

superficie de la nuë supérieure, en aura fondu & subitement resserré les parties, de sorte que cette nuë devenuë beaucoup plus pesante, s'estant précipitée brusquement sur la plus basse, le nuage d'exhalaisons se sera trouvé enfermé entre deux nuës de vapeurs.

III. Je dis enfermé, car il faut remarquer que comme ces grands corps ne sont pas infléxibles, & qu'ils peuvent plier dans les endroits où ils souffrent plus d'effort, les parties de la nuë supérieure qui doivent, en tombant, se joindre les premiéres à la nuë inferieure, sont les extrémitez; parce que l'air qui se trouve en ces endroits ayant moins de chemin à faire pour s'échaper, leur cede aisément la place, pendant que le milieu demeure soustenu par une fort grande quantité d'air & d'exhalaisons qui se trouvent en son chemin : & ainsi ces deux nuës estant jointes par les bords pendant qu'elles sont encore écartées par le milieu, c'est une nécessité que ce qu'il y a pour lors d'air & d'exhalaisons entre l'une & l'autre s'y trouve d'abord enfermé comme dans une espéce de balon ou de vase.

IV. Nous avons un exemple fort familier de cét effet. Lorsqu'on jette sur l'eau un drap mouïllé, comme en l'étendant car l'expérience fait voir qu'il s'enferme d'ordinaire entre l'eau & le drap une fort grande quantité d'air qui souleve le drap en forme de voute, & qui n'en sort point qu'on ne luy fasse quelque ouverture en levant l'une des extrémitez.

V. Voilà donc entre deux nuës de vapeurs un nuage d'exhalaisons enfermé. Mais comme l'effort dont ce nuage a esté pressé par la chute de la nuë supérieure a esté grand, il faut qu'il en soit arrivé deux ou trois effets tres-considérables.

1. Que ces exhalaisons ayent pris feu, ou du moins qu'elles se soient extraordinairement échau-fées.

2. Que ce feu ou cette chaleur agiſſant ſur les parties intérieures des deux nuës, en ayent détaché quantité de vapeurs.

3. Que ces vapeurs trop geſ-nées dans cette priſon, ſe ſoient fait une ouverture pour en ſortir.

Examinons en détail ces trois effets.

VI. A l'égard du premier, tout le monde ſçait qu'un mouvement violent eſt capable d'enflammer, ou du moins d'échaufer extraor-dinairement une exhalaiſon. Tou-te la difficulté eſt de ſçavoir le-quel des deux ſera arrivé à noſtre Météore : mais on peut prendre ſur cela quel parti l'on voudra, avec un égal ſuccés, l'un & l'au-tre s'ajuſtant également bien avec les Phénomenes, comme nous le ferons voir dans la ſuite.

VII.

VII. Pour le second effet, il n'est rien de plus naturel. La matiére principale des nuës (selon la premiére obfervation) eftant les vapeurs, & des vapeurs figées les unes auprés des autres, on conçoit aifément qu'un feu renfermé entre deux nuës doit diffoudre & détacher ces vapeurs.

VIII. Enfin, le troifiéme effet eft trop intelligible par tout ce que nous avons obfervé des Eolipiles tant artificiels que naturels, pour avoir befoin d'une plus grande explication. Tout ce qu'il y a à faire eft d'éxaminer de quel cofté ces vapeurs ainfi agitées & renfermées fe feront fait ouverture.

IX. A cela, il me paroift clair, premiérement, que cette ouverture n'a pas deû fe faire par la nuë fupérieure, parce que nous la fuppofons plus ferrée & plus condenfée que l'inférieure.

X. 2. Elle ne s'eft pas faite non plus par les extrémitez. La raifon

D

que je n'en imagine pas simplement, mais qui effectivement eſt
réelle, c'eſt que ces nuës eſtant
batuës en meſme-temps de deux
vents preſque oppoſez, ceux-cy
ont deû les condenſer ſur les bords,
& les rendre moins pénétrables
par ces endroits. Outre que par
la chaleur du Soleil dont cette
nuë eſtoit éclairée, il s'eſt pû
former tout autour une eſpéce de
crouſte ou d'écorce de glace, qui
la rendoit moins pénétrable.

X I. 3. Reſte donc que l'ouverture ſe ſoit faite par la nuë de
deſſous, laquelle réſiſtant moins
par le milieu que vers les bords,
aura deû ſe crever à peu prés en
cét endroit.

X I I. Or l'ouverture eſtant une
fois faite, il eſt viſible que les
vapeurs par l'effort deſquelles la
nuë a eſté ainſi crevée ont deû
ſortir par cette ouverture avec
un étrange effort, & produire ainſi
un vent furieux.

XIII. Voilà donc un Eolipile parfaitement formé dans les nuës, & voilà enfin l'hypothese avec laquelle nous prétendons expliquer toutes les circonftances de noftre Phénomene.

XIV. Si cette hypothese a paru jufques icy affez fimple & affez claire, il y a lieu d'efpérer qu'elle recevra un nouvel éclat par l'application que nous en allons faire aux moindres effets & aux plus petites circonftances de noftre Météore.

ARTICLE II.

Application de l'hypothese aux effets & aux circonf-ces du Météore.

IL faut commencer par faire un dénombrement de ces effets & de ces circonftances, & puis nous en donnerons l'explication fuivant l'hypothefe.

SECTION I.

Dénombrement des effets & des circonstances du Météore.

CEs effets & ces circonstan-ces se peuvent aisément recueïllir de ce que nous avons dit.

1. Il parut une colonne qui s'élevoit de la terre jusques aux nuës.

2. Elle estoit de mesme couleur que la nuë qu'elle alloit joindre, c'est-à-dire, d'un bleu pasle, mais brillant & transparent en plusieurs endroits.

3. Cette colonne paroissoit de deux pieds de diamétre à la regarder d'une lieuë loin, & de six pieds à la voir de prés.

4. Elle alloit en diminuant depuis le bas jusques à trois ou quatre pieds prés de la nuë.

5. A cét endroit la colonne commençoit à s'élargir, & continuoit ainsi jusques à la nuë, qu'elle joignoit tellement qu'il

sembloit que la nuë s'alongeast pour la recevoir, & pour luy former une espéce de chapiteau.

6. Cette colonne portoit par tout où elle passoit un vent tres-violent & assez sec.

7. Elle excitoit un tourbillon furieux, qui faisoit sur la terre une impression de prés de cent pieds de largeur, & qui enlevoit à une grande hauteur tous les corps un peu mobiles qui se trouvoient sur sa route.

8. Une piramide comme de flammes, de couleur orangée, servoit de piédestail à la colonne.

9. Cette piramide n'estoit pas constante dans sa forme ; elle diminuoit ou s'augmentoit alternativement ; & on la voyoit mesme quelquefois diminuer, jusques à disparoistre tout-à-fait.

10. La piramide, la colonne & la nuë avoient un mouvement uniforme à peu prés du Septentrion au Midy.

11. Elle faiſoit prés d'une lieuë de chemin en un quart-d'heure.

12. Elle nous a paru l'eſpace de trois quarts-d'heure, juſqu'à ce qu'elle ait eſté envelopée par l'orage qui venoit à ſa rencontre.

SECTION II.

Explication de ces Phénomenes.

Explication du premier.

I. IL n'y a preſque pas lieu de douter que la colonne de nuë qui a paru n'ait eſté formée par le corps de la vapeur, qui ſous la forme d'un vent ſe répandoit de la nuë juſques en terre, comme l'on a fait voir au chapitre 3. art. 1. ſection 2. nombre 12.

Explication du deuxiéme Phénomene.

I I. A l'égard de la couleur de la colomne, on prévoit aſſez qu'elle fera naiſtre des difficultez dans l'eſprit de bien des gens. On ne manquera pas de dire que ſi cette colomne n'avoit eſté que du vent, il ſeroit bien étrange qu'elle euſt eſté colorée & viſible, puis que tout le monde ſçait que le vent ne ſe voit point, & qu'ainſi l'on ne peut marquer ſa couleur.

III. Mais il ſera aiſé de revenir de ce préjugé, ſi l'on fait diſtinction entre le vent prés de ſa ſource, & le vent lors qu'il en eſt éloigné.

IV. Lors que le vent eſt éloigné de ſa ſource, comme les parties de la vapeur qui le compoſent ſont alors fort écartées les unes des autres, qu'elles ne s'oppoſent pas au paſſage de la lumiére, & qu'elles ne la refléchiſſent pas, ce n'eſt pas merveille ſi le vent n'eſt pas viſible.

V. Mais lors que le vent eſt prés de ſa ſource, comme les parties de la vapeur ſont fort ſerrées,

& que la lumiére ne peut plus paſſer au travers, il faut qu'elle refléchiſſe, & que par ſa réfléxion elle nous apporte l'image de la vapeur, & qu'ainſi elle la rende viſible.

VI. Tout ce que nous avons d'éolipiles domeſtiques juſtifient cette vérité, ainſi que nous l'avons remarqué au commencement de ce Chapitre, Artic. 1. Sect. 1. Obſervation VII.

VII. Le vent meſme que nous ſoufflons par la bouche devient viſible en hyver, parce qu'alors le froid reſſerrant les parties de la vapeur qui ſort de la bouche, les met en eſtat de refléchir la lumiére.

*Explication du troiſiéme Phéno-
mene.*

VIII. La différence de la groſſeur ſous laquelle la colomne a paru, regardée de loin & de prés, n'a rien de difficile. Tout le monde ſçait qu'à meſure que les ob-

jets font éloignez de la veüë, l'i-
mâge qui s'en traſſe dans le fonds
de l'œil eſt plus petite.

Explication du quatriéme Phéno-
mene.

IX. La colonne a deû aller
en diminuant peu à peu depuis
la terre juſques auprés de la nuë,
parce que la vapeur qui en ſortoit, a deû aller en s'élargiſſant,
depuis la nuë juſques à la terre.

Deux cauſes ont deû contribuër
à cét élargiſſement.

1. La réſiſtance continuelle de
l'air que la vapeur devoit déplacer en deſcendant : car cette réſiſtance a deû diminuer un peu la
violence dónt elle deſcendoit, &
ainſi écarter un peu les filets dont
elle eſtoit compoſée ; & cét écart
a deû eſtre plus grand vers la terre, parce que l'air y eſtant & plus
épais & plus condenſé par l'effort
de la vapeur, luy a deû auſſi faire
plus de réſiſtance.

2. La détermination differente
que ces filets de vapeur ont eûë
en fortant de la nuë; car comme
ils paffoient d'un lieu affez vafte
à un autre encore plus fpacieux,
par une ouverture fort étroite,
ils ont deû faire effort pour en
fortir en divers fens & différentes déterminations, les uns tendant à fortir de droit à gauche,
les autres de gauche à droit, &
ainfi du refte : ce qui a deû les
rendre plus écartez les uns des
autres, à mefure qu'ils s'éloignoient de leur fource.

*Explication du cinquiéme Phéno-
mene.*

X. La raifon par laquelle la
colonne a deû paroiftre s'élargir
de bas en haut, à trois pieds prés
de la nuë, c'eft que ce qu'on
voyoit en cét endroit, n'eftoit
pas la vapeur feule; car s'il n'y
euft eû que la vapeur, la colonne auroit deû paroiftre diminuer

précisément jusques à la nuë, par
les raisons que l'on vient d'alléguer dans le nombre précedent;
mais c'estoit effectivement un al-
longement de la nuë, qui formoit
à cét endroit une espéce d'entonnoir par lequel couloit la vapeur.

XI. On n'aura pas de peine à
concevoir comment cét entonnoir
se sera formé, si l'on se souvient
de ce que nous avons déja dit, *chap. 3.*
que les nuës ne font pas des corps *art. 1.*
sect. 2.
infléxibles, & qu'elles peuvent *nomb. 1.*
plier & ceder à un grand effort;
car comme nous avons supposé
que la vapeur par son effort s'estoit ouvert un passage dans la nuë,
il est aifé de comprendre que l'endroit où s'est faite cette ouvertu- *Sect. 2.*
re ayant esté le plus foible, a *nomb. 5. 2.*
d'abord plié, jusques à s'alonger
en forme d'entonnoir, & qu'enfin il a crevé.

XII. Et il ne faut pas s'imaginer qu'aprés cette ouverture,

la partie de la nuë qui s'eſtoit ainſi alongée, ait deû ſe retirer & ſe remettre en ſon premier eſtat; car la vapeur continuant à y paſſer avec la meſme violence, a deû s'oppoſer à cét effet, & entretenir toûjours cette eſpece d'entonnoir qui ſervoit de chapiteau à la colonne.

Explication du ſixiéme Phéno-
mene.

XIII. On a déja dit que ce qui formoit la colonne n'eſtoit que du vent. Reſte à expliquer ſa violence & ſa ſéchereſſe.

XIV. 1. Comme la ſéchereſſe dépend de la violence, parce que plus un vent a de force, & plus il eſt propre à enlever tout ce qu'il y a d'humidité dans les ſujets ſur leſquels il paſſe, nous nous attacherons particuliérement à prouver cette violence.

XV. 2. Trois circonſtances contribuënt à rendre un vent violent,

lent, ou du moins à le faire sentir tel.

1. La force de la chaleur.

2. L'abondance des vapeurs.

3. Le voisinage de la source du vent.

Et ces trois circonstances se sont trouvées dans nostre Météore.

XVI. 1°. Pour commencer par la derniére, il est visible que la distance de la terre à la nuë d'où sortoit le vent, n'estoit pas fort grande, & qu'ainsi les sujets sur lesquels elle passoit en estoient trop voisins pour n'en estre pas furieusement agitez.

XVII. 2°. L'abondance des vapeurs a deû estre tres-grande, parce que la matiére des nuës est beaucoup plus disposée à se dissoudre & à s'évaporer, que celle de l'eau toute pure.

XVIII. 3°. Enfin à l'égard de la chaleur, on ne peut douter que les exhalaisons qui se sont trouvées renfermées entre ces deux nuées, ne se soient ou enflammées, ou du moins extraordinairement échaufées, par la violence du coup dont la nuë supérieure les a frapées en tombant.

XIX. De plus, pour peu que ces exhalaisons ayent eû de chaleur, elles ont deû agir sur les nuës avec assez de force ; 1º, parce qu'elles estoient immédiatement appliquées aux parties qu'elles devoient dissoudre en vapeurs ; 2º, parce qu'estant renfermées, leur chaleur n'avoit pas tant de lieu de se dissiper.

XX. Il ne faut donc pas craindre, qu'il n'y ait pas eû assez de chaleur ; il y auroit plûtost lieu d'appréhender qu'il n'y en eust eû trop ; & l'on prévoit bien que c'est ce qui détournera bien des gens de croire que l'exhalaison se soit enflammée. Ils ne manqueront pas de dire, 1º, que si cela avoit esté, la flamme auroit tout d'un coup fondu ou dissipé la nuë, & qu'ainsi ce Météore n'auroit pas duré si long-temps. 2°, que cette flamme auroit deû s'échaper en forme de pelotons, par l'ouverture de la nuë, comme il arrive dans le tonnerre.

XXI. Mais nul de ces inconvéniens ne doit empefcher de prendre le parti de l'inflammation des exhalaifons, fi l'on confidére qu'il y en a de plufieurs efpéces, & qu'il s'en trouve de fi graffes, fi foufrées, & avec cela fi ferrées qu'elles ne brûlent que fort lentement; & que leur flamme eft fi peu active, qu'elle n'eft capable que de rafer le poil d'un homme fans luy brûler la peau, ainfi qu'on le voit quelquefois dans des chutes de tonnerre.

XXII. Suppofé donc que l'exhalaifon qui s'eft trouvée enfermée dans l'Eolipile dont nous parlons ait efté de cette nature, il eft vifible, 1°, qu'elle n'a deû diffoudre les nuës en vapeurs que peu à peu ; 2°, elle n'a pas deû sortir en boule de feu comme la foudre dans le tonnerre, parce que la vapeur ayant commencé la premiére à sortir, elle a deû empefcher que l'exhalaifon ne fortift en fi grande abondance.

XXIII. Mais ce qui me paroift tres-probable, c'eft que cette exhalaifon grafle ait coulé le long de la vapeur fous la forme d'une flamme légére, qui n'avoit pas d'autre mouvement, ni d'autre détermination que celle de la vapeur mefme.

XXIV. Nous avons des éxemples tres-fréquens de cecy dans nos éolipiles domeftiques ; car l'on voit tres-fouvent que dans le temps que les vapeurs fortent ainfi avec violence du bout d'un tifon, fi la flamme en eft proche, elle s'élance, & fuit le mouvement & la détermination de cette vapeur, de forte qu'elle paroift comme un vent de flamme.

XXV. Mais, dit-t-on, la colomne de nuë ne paroissoit pas
enflammée.

XXVI. J'ay déja dit qu'elle
paroissoit d'un bleu pasle, & qu'elle estoit assez brillante en quelques endroits. Or supposé que
l'exhalaison ait esté soufflée, comme il y a bien de l'apparence, la
colomne, quoy-que teinte de cette exhalaison enflamée, n'a pas deû
paroistre d'une autre couleur.

XXVII. J'ajouste que quand
la flamme en auroit esté aussi claire que celle de la plus belle cire,
elle n'auroit pas deû paroistre au-
trement que ce qu'elle nous parut; parce que le grand jour &
le Soleil mesme donnant dessus,
devoit en ternir l'éclat & le brillant. Qu'on expose la flamme
d'une chandelle au soleil, à peine
y apperçoit-on quelque éclat.
Mais je ne doute pas que si nostre
colomne de nuë eust esté veuë de
nuit, elle n'eust paru enflammée.

Explication du septiéme Phéno-
mene.

XXVIII. A l'égard du tourbillon de vent qui suivoit la colomne, & des effets qu'il produi-
soit, il n'est rien de plus aisé que
de les expliquer; car le vent qui
a crevé la nuë de dessous en estant sorti, & s'estant précipité
vers la terre avec la violence que
nous avons dit, a deû refléchir
à sa rencontre, & remonter en pi-
roüétant.

XXIX. Il est vray qu'il a deû
d'abord s'écarter un peu à la ronde en glissant sur la terre; car si
les filets des vapeurs dont il estoit composé, s'écartoient, comme nous avons dit, à mesure
qu'ils s'éloignoient de la nuë, ils
ont deû à la rencontre de la terre
s'écarter encore davantage dans
le sens qu'ils avoient commencé,
& glisser ainsi à la ronde sur la
surface de la terre.

XXX. Et c'est par écart qu'on peut comprendre de quelle maniére ce vent faisoit en passant sur la terre une impression de prés de cent pieds.

XXXI. Que l'on souffle de la bouche sur une table où il y ait de la poussiére, & l'on verra que quoy-que l'ouverture par laquelle le vent sort, ait à peine deux lignes, on écartera la poussiére d'un espace à peu prés rond, dont le diametre aura peut-estre plus de deux pieds, & par là on trouvera moins étrange que le vent qui sortoit de la nuë, peut-estre par une assez petite ouverture, ait fait sur terre une impression d'une si grande étanduë.

XXXII. Elle auroit encore esté plus grande sans la résistance de l'air ; mais enfin celuy-cy extrémement condensé par la chute continuelle de la vapeur, aura deû par l'égale résistance qu'il faisoit de toutes parts, obliger celle

ey à réfléchir, à remonter en circulant comme dans un tuyau, & à
à former ainsi un tourbillon à
peuprés comme nous en voyons
se former quelquefois dans les
tuyaux de nos cheminées ; car
c'est une loy que la nature observe inviolablement, qu'une liqueur
mise en mouvement estant em-
peschée par la résistance des corps
environnans, de le continuer en
ligne droite, le convertit en un
mouvement circulaire.

XXXIII. Aprés cela on ne
s'étonnera pas que ce vent enle-
vast à une fort grande hauteur la
poussiére, les javelles d'aveine, &
tout ce qu'il rencontroit de mobile ; & qu'il ait mesme enlevé de
sa place le toit d'une grange ; car
tous ces corps devoient ceder à la
force dont ce vent rejaillissoit, &
suivre mesme sa détermination.

Explication du huitiéme Phéno-
mene.

XXXIV. Quant à la Pirami-
de qui fervoit de piédeftal à la colonne, il eft vifible qu'elle n'a efté
formée que par la pouffiére, les
pailles, & les autres corps que le
tourbillon enlevoit : mais il y dans
ce Phénomene trois ou quatre circonftances qu'il faut déveloper.

XXXV. Car, 1°, la raifon par
laquelle cette pouffiére & ces corps
ainfi enlevez formoient plûtoft une
figure piramidale qu'aucune autre,
eft que ces corps fuivoient la détermination de la vapeur qui remontoit, & que celle-cy rejailliſ-
foit dans des lignes qui toutes enfemble formoient une efpéce de
piramide ; car cette vapeur eftant
tombée à terre, & y ayant gliffé
à la ronde jufqu'à une certaine dif-
tance, ainfi que nous avons dit,
vaincuë enfin par la réfiftance de
l'air, & ne pouvant continuer fon

mouvement en ligne droite, a deû remonter ; mais ſon mouvement s'affoibliſſant toûjours de plus en plus, elle a deû, en remontant, ſe raprocher du centre de la colom-ñe par des lignes inclinées, ou plûtoſt par des lignes ſpirales, par-ce qu'elle remontoit en circulant.

XXXVI. 2°, cette Piramide a deû paroiſtre de couleur orangée, parce que la pouſſiére répandue dans l'air, & éclairée du Soleil, comme celle-là l'eſtoit alors, doit paroiſtre de cette couleur.

XXXVII. 3ª, elle a deû auſſi imiter en quelque façon la figure de la flâme : car comme les par-ties de la pouſſiére que ce tour-billon enlevoit, eſtoient d'une ſo-lidité fort inégale, elles ont deû monter inégalement haut ; & ainſi les unes eſtant hautes & les au-tres baſſes, les unes montant pen-dant que les autres deſcendoient, cela a deû produire un bouïllon-nement & des figures aſſez ſemblables à celles de la flamme.

XXXVIII. 4°, on peut voir dans cette Piramide & dans ces figures irrégulières que produisoient les flots de ce vent & de cette poussiére agitée, le fondement de ces imaginations populaires & de ces visions extravagantes dont nous ayons parlé au commencement, c'est-à-dire, qu'elles n'avoient pas d'autre fondement que celuy, qu'ont les enfans d'imaginer dans les nuës des soldats, des chevaux, des chariots, & des armées entières.

Explication du neuviéme Phéno-mene.

XXXIX. La raison de l'inconstance de la Piramide est l'inégalité du terrain sur lequel la colomne passoit ; car quand elle estoit sur quelque prairie où il y avoit peu de corps à enlever, la Piramide devoit diminuer & presque disparoistre, comme au con traire fur les fablons & les terres labourées, elle devoit eftre dans fa plus grande hauteur.

Explication du dixiéme & onziéme Phénomenes.

XL. 1º, pour le mouvement de la Piramide & de la colomne du Septentrion vers le Midy, il venoit uniquement du mouvement de la nuë à laquelle elles eftoient attachées, & le mouvement de cette nuë en ce fens eftoit infailliblement caufé par un vent de Nord.

XLI. 2º, quant à la vîteffe du mouvement de la colomne & de la nuë, elle dépendoit de la force du vent qui pouffoit eellecy.

Explication du douziéme Phénomene.

XLII. Le Phénomene qui paroift le plus difficile à expliquer, eft la durée de cette colomne ; car

on

on a de la peine à comprendre qu'une nuë qui ne paroiſſoit pas fort grande, ait pû fournir ſi long-temps à un ſi grand & ſi violent tourbillon.

XLIII. Mais on ſe delivrera aiſément de cette difficulté, ſi l'on conſidere:

1. Que quoy-que la nuë n'occupaſt pas beaucoup d'eſpace en largeur, elle en pouvoit tenir beaucoup en hauteur, & eſtre fort épaiſſe.

2. Que l'eau changée en vapeurs occupe en cét eſtat deux ou trois mille fois plus d'eſpace que lors qu'elle retient la forme de l'eau.

3. Que les vents, en quelque façon oppoſez, dont la nuë eſtoit batuë, pouvoient ramener & rallier ſur cette nuë de nouvelles vapeurs, à meſure qu'il s'en diſſipoit par un autre endroit.

F

CONCLUSION.

1. VOILA ce qu'on a pû penser de plus vray-semblable,
sur ce Phénomene. On ne doute
pas que de plus habiles gens ne
forment de plus justes conjectures quand ils y voudront penser.
On sera toûjours bien aise d'y a-
voir donné lieu par cét écrit.

2. On croit cependant en avoir
assez dit, pour dissiper ces terreurs
paniques dont le peuple se laisse saisir à la veûë de ces sortes
de spectacles, & pour bannir ces
pensées & ces sentimens superstitieux ausquels des esprits d'ailleurs assez raisonnables, mais peu
éclairez sur les choses naturelles,
se laissent emporter.

PENSÉE
sur la colomne de nuë des Israëlites.

1. ON ne sçait mesme si ce
que l'on vient de dire de
cette colonne de nuë ne pour-

roit point servir à expliquer quelques circonstances de cette fameuse colonne dont Dieu se servit
autrefois pour conduire les Israélites dans le desert.

II. Ce n'est pas qu'on ne la
croye miraculeuse en bien des
maniéres, son mouvement & son
repos si reglez & si proportionnez
aux forces des Israélites ; son dif-
cernement à leur marquer le chemin ; la voix qui en sortoit quelquefois, & par laquelle Dieu s'ex-
pliquoit avec Moïse ; sa durée de
quarante ans : tout cela ne pouvoit pas estre naturel.

III. Mais c'est qu'il est bon
d'épargner à Dieu les miracles autant qu'on le peut : ce n'est pas
qu'un miracle luy couste plus que
ce que nous appellons naturel,
l'un & l'autre ne luy coustant qu'u-
ne parole ; mais c'est qu'il agit
d'ordinaire par les voyes les plus
simples, & qu'effectivement nous
voyons qu'il fait servir, autant

qu'il eſt poſſible, la nature à ſes volontez & à ſes deſſeins.

I V. S'il faut produire du vin aux noces de Cana, il y fait ſervir l'eau. S'il faut produire des pains pour raſſaſier un grand peuple dans le deſert, il veut qu'on luy donne du moins quelques pains, comme pour ſervir de levain à ce grand nombre qu'il vouloit produire.

V. Mais voicy un exemple qui a plus de rapport avec noſtre ſujet.

V I. Lors que Dieu s'engageant ſolennellement à ne plus envoyer de deluge ſur la terre, dît à Noé que pour marque autentique de ſon engagement, il feroit paroiſtre ſon arc dans les nuës ; qui n'auroit jugé que cét arc auroit deû eſtre quelque choſe de ſurnaturel & de miraculeux ? Cependant preſque tous les Interpretes conviennent qu'il eſt purement naturel, & que c'eſt celuy qui nous paroiſt ſi ſouvent, qui paroiſſoit meſme avant le deluge, & que nous appellons communément Arc - en - ciel ; mais que Moïſe a appellé plus proprement arc dans les nuës, parce qu'effectivement c'eſt dans les nuës qu'il nous paroiſt, & qu'il réſulte des goutes de pluye dans leſquelles les nuës ſe réſolvent.

VII. Quelle raiſon ont donc eû les Interpretes de ne pas croire que Dieu ait créé un arc tout nouveau ? C'eſt qu'ils ont jugé plus raiſonnable de penſer qu'il s'eſtoit ſervi de celuy que la nature luy fourniſſoit ; & que d'un ſigne naturel qu'il eſtoit auparavant, il en avoit fait un ſigne ſurnaturel.

VIII. Ne pourrions-nous donc point dire auſſi que puiſque la nature nous fournit des colonnes de nuë, Dieu ſe ſervit, en faveur des Iſraélites, de ce que la nature luy fourniſſoit, & qu'ainſi la colonne qui les conduiſoit dans le deſert eſtoit aſſez ſemblable, du moins quant à la matiére & à la forme, à celle que l'on vient de décrire.

I X. Il n'y auroit eû qu'à changer la violence du vent qui accompagnoit celle-cy, en un vent plus modéré, & qui loin d'incommoder les Ifraélites ne leur auroit fervi que de remede contre les ardeurs de ces Zones torrides de l'Arabie par lefquelles Dieu les conduifoit.

X. La nuë qui auroit pû eftre beaucoup plus grande que celle que nous venons de décrire, les auroit encore défendus des rayons du Soleil de midy ; & par là l'on entend aifément comment cette colonne, qui n'eftoit pas fort groffe, a pû, conformément à ce que dit l'Ecriture, défendre les Ifraélites des ardeurs du Soleil; ce qui a paru incroyable à plufieurs Interpretes.

X I. Enfin noftre hypothefe nous fournit encore de quoy expliquer un des Phenomenes les plus embaraſſans de la colonne des Iſraélites : car ſur ce que l'Ecriture dit que cette colomne eſtoit de nuë ſur jour, & de feu la nuit, quelques-uns ont avancé qu'il y avoit eû deux colonnes; l'une pour le jour, & l'autre pour la nuit. D'autres ont cru que le feu qui paroiſſoit la nuit, n'eſtoit qu'apparent, & non pas réel. Mais n'avons-nous pas fait voir* que noſtre colonne qui ſur jour paroiſſoit de la couleur de la nuë, auroit deû paroiſtre enflammée pendant la nuit ? C'eſt cependant une ſimple penſée qu'on laiſſe au jugement des habiles.

*Derniére ſection nombre XXIII. XXIV. XXV. XXVI. & XXVII.

F iiij

ADDITION

OÙ

SUR LES MESMES PRINCIPES,
& suivant la mesme hypo-
these on explique tout ce que
les Journaux des Sçavins
des mois d'Avril & de Juin
de l'année 1 6 8 2. rappor-
tent des trombes de mer,
dont il est parlé dans les
voyages de M. Thevenot.

PLus de deux ans aprés avoir écrit ces conjéctures, un de mes amis m'ayant fait voir dans les Journaux des Sçavans des mois d'Avril & de Juin de l'année 1682. quelques extraits des Voyages de Monsieur Thevenot où il est parlé de Phénomenes assez semblables à nostre colonne de nuë, j'en suis

demeuré agréablement furpris.
J'ay bien vû que ces Phénomenes
ne font pas fi rares que je l'avois
crû; & aprés avoir comparé la figure de noftre colonne avec la figure de ces trombes qu'on voit
dépeintes dans le Journal, j'ay
jugé que toute la différence qu'il
y avoit des unes aux autres eftoit
que noftre colonne a paru fur la
terre, & que ces trombes fe forment fur la mer; & j'ay temoigné
que je ne doutois point que celles-cy ne fe formaffent de la mefme maniére, & par les mefmes
caufes que j'ay alléguées pour la
formation de celle-là.

Mais cette propofition n'ayant
pas paru évidente à mon ami, il
m'a engagé à la juftifier par écrit,
& à faire l'application de ma conjecture, fur noftre colonne de nuë,
à ce que l'Auteur du Journal rapporte des circonftances de ces
trombes de mer; & c'eft ce que
je vas effayer de faire, commen-

çant par rapporter de mot à mot
toutes ces circonſtances de la meſme maniére qu'elles ſont expri-
mées dans le Journal; & puis je
les expliqueray ſuivant la conjécture & l'hypotheſe que j'ay formée pour l'explication de la colonne de nuë.

Deſcription des circonſtances & des effets que rapporte le Journal dans les meſmes termes qu'il les rapporte.

1°. LES trombes ſe forment
pendant les tempeſtes.

2°. On voit d'abord l'eau bouil-
lonner, & s'élever au deſſus de la
ſurface d'environ un pied.

3°. Audeſſus de cette élevation
d'eau on voit paroiſtre comme une
fumée noire un peu épaiſſe.

4°. Du milieu de la fumée il
s'éleve comme un canal, qui a
aſſez de reſſemblance à une fumée
qui monte aux nuës.

5°. Quelquefois on voit plu‑
fieurs canaux, qui venant fondre
des nuës fur ces endroits, forment
autant de trombes en attirant l'eau
de la mer.

6°. Ces canaux paroiffent d'une
couleur blafarde, & ne fe rendent
ainfi vifibles que quand ils font
pleins d'eau, car lors qu'ils en
font vuides ils difparoiffent.

7°. Ces canaux fe plient &
s'inclinent felon l'impulfion du
vent, de forte que le vent empor‑
tant les nuës aufquelles ils font
attachez, ils ne s'en détachent
pas, mais ils s'alongent pour les
fuivre comme feroit un boyau
qu'on tire.

8°. On voit fouvent que felon
que le vent preffe l'eau par en
haut ou par en bas dans les ca‑
naux, ils s'étreciffent par un bout,
& groffiffent par l'autre, & fou‑
vent mefme tout le canal s'enfle,
& devient auffi gros qu'un muid.

9°. Lors que ces trombes com‑

mencent

mencent à se dissiper, on voit le canal s'étrécir peu à peu, prés de la surface de la mer, & enfin s'en détacher entiérement.

10°. Ces trombes en se formant excitent un bruit sourd semblable à celuy que fait un torrent qui roule dans un profond valon, & ensuite elles excitent un bruit plus aigu, approchant du sifflement de serpent ou d'oyes.

11°. Si ces trombes viennent à tomber sur un vaisseau, elles se meslent dans ses voiles de telle sorte, que quelquefois elles l'enlevent, sur tout quand c'est un petit bastiment, & le laissant ensuite retomber, elles le coulent à fonds; & si elles ne l'enlevent pas, elles en rompent du moins les voiles, ou bien laissent tomber dedans toute l'eau qu'elles contiennent, ce qui les fait perir.

12°. Pour se garantir de ce mal, les matelots ont coustume d'entortiller tous les voiles, & de ti-

rer quelques coups de canon chargé d'une barre de fer, dont ils
tafchent de couper ce canal; &
s'ils y réuffiffent, on voit auffitoft l'eau tomber du canal avec
grand bruit.

Explication de ces Phéno-menes.

Explication du I.

QUAND on aura bien com-
pris ce que nous avons dit
en expliquant le feptiéme Phénomene de noftre colomne, du furieux tourbillon de vent qui l'accompagnoit, de l'impreffion qu'il
faifoit fur la terre, & de l'étenduë qu'il y occupoit, on ne s'é-
tonnera pas que ces trombes dont
parle le Journal, fe forment dans
le temps des tempeftes, puis que
le tourbillon de vent qui les doit
accompagner, comme il accompagnoit noftre colonne, eft feul

capable d'exciter la tempeste dans l'endroit où il se forme.

, Mais il faut remarquer de plus, que ce qui cause ce tourbillon, peut encore causer & augmenter la tempeste d'une autre maniére.

Nous avons veû que ce qui cause ce tourbillon est la chute d'une nuë sur une autre, d'où il se forme un Eolipile qui se fait jour par la nuë inférieure.

Il se peut donc fort bien faire que la mesme cause qui aura fait ainsi tomber une nuë sur une autre, en fasse tomber quantité d'autres qui seront sur le mesme plan ; & cela est mesme presque inévitable : de sorte que soit que ces nuës en tombant rencontrent en leur chemin d'autres nuës, ou qu'elles n'en rencontrent pas ; soit qu'en rencontrant quelques-unes elles fassent avec elles des Eolipiles, ou qu'elles n'en fassent pas, elles doivent extrémement augmenter la tempeste.

Car premiérement, fi rencontrant une nuë en leur chemin, elles forment avec elle un Eolipile, celuy-cy fe faifant jour par la nuë inférieure, caufera fur les eaux un furieux tourbillon de vent; & ainfi on pourra en mefme temps voir plufieurs trombes, & fentir plufieurs tourbillons de vent.

2. Si rencontrant une nuë en leur chemin, elles ne forment pas avec elle un Eolipile, elles chaf-feront, du moins avec violence, vers la terre, tout l'air qu'elles rencontreront, jufqu'à ce qu'elles ayent joint la nuë inférieure; & cét air defcendant ainfi brufquement fur les eaux, & mefme un peu obliquement, à caufe de la rencontre de la nuë inférieure, augmentera, & mefme diverfifie-ra un peu la tempefte.

3. Enfin, quand ces nuës en def-cendant ainfi ne rencontreroient point d'autres nuës en leur che-min, elles cauferoient toûjours,

& augmenteroient la tempeſte,
en pouſſant violemment & directement ſur la ſurface des eaux
l'air qu'elles trouveroient en leur
chemin.

Explication du ſecond Phénomene.

Le vent ſortant avec impétuo-
ſité de la nuë comme de ſon Eolipile , & tombant directement
ſur les eaux , y doit produire deux
effets différens ; car 1, il les doit
enfoncer , & produire par ſon
preſſement une eſpece de foſſe
dans les endroits où il s'appli-
que.

2. Mais parce qu'il ne peut produire cét enfoncement qu'en chaſ-
ſant les eaux à la ronde, & les
ſoulevant audeſſus de leur niveau ,
& que d'ailleurs ces eaux ainſi
déplacées font un continuel effort par leur peſanteur pour re-
prendre leur place & leur ſitua-
ſion ordinaire ; ce qu'elles ne peuvent faire ſans rencontrer les fi-

lets de la vapeur qui continuë de descendre de la nuë : il est naturel qu'elles glissent un peu le long de ces filets; & ainsi il n'est pas surprenant qu'on les voye petiller, & s'élever d'environ un pied audessus de la surface de l'eau.

Mais il y a encore dans nostre système une cause plus sensible de cét effet; car comme nous avons dit dans l'explication du septiéme Phénomene de la colonne de nuë, que la vapeur qui sortoit de la nuë avec tant de violence, avoit deû à la rencontre de la terre estre obligée à réfléchir & à remonter en circulant, comme dans un tuyau : on peut bien penser que la mesme chose arrive avec quelque proportion sur la mer; & aprés cela on n'aura pas de peine à comprendre que cette vapeur réjaillissant ainsi, fasse petiller & boüillonner l'eau, & l'éleve mesme assez haut audessus de sa surface.

Explication du troisiéme Phéno-
mene.

La vapeur ne peut réjaillir ainſi
à la ronde, que depuis l'endroit
où les eaux l'abandonnent, elle
ne forme, demeurant ainſi ſeule
& aſſez raréfiée, une eſpece de
brouïllard, qui eſt ce que l'on
prend pour une fumée noire un
peu épaiſſe qui paroiſt audeſſus
de l'élevation de l'eau.

Explication du quatriéme Phéno-
mene.

. Le canal qui paroiſt s'élever du
milieu de la fumée, & monter
ainſi juſqu'aux nuës d'une maniér-
re aſſez ſemblable à la fumée, eſt
formé par le corps de la vapeur
qui deſcend de la nuë, & qui
produit ainſi l'image d'un canal,
ou d'une colonne ; & cette colonne doit paroiſtre plus ou moins
claire ou obſcure, à proportion
qu'elle eſt plus ou moins éclairée

du Soleil, ou plus ou moins tranſparente. Elle doit auſſi paroiſtre s'élever du milieu de la fumée que nous venons de décrire dans le troiſiéme Phénomene, parce que cette fumée n'eſt cauſée que par le rejailliſſement de la vapeur, & que ce rejailliſſement ſe fait également à la ronde depuis le centre de ſa chute.

Explication du cinquiéme & ſixiéme Phénomenes.

Comme il ſe peut former dans le temps des tempeſtes pluſieurs Eolipiles dans les nuës, ainſi que nous l'avons remarqué dans l'explication du premier Phénomene des trombes de mer, on n'aura pas de peine à croire qu'on voit quelquefois ſur mer pluſieurs de ces canaux, qui fondant des nuës, forment autant de trombes.

On remarquera meſme, à l'avantage de noſtre hypotheſe, ce que l'on dit icy, que *ces canaux fondoient des nuës* : car rien ne fait mieux voir la verité de ce que nous avons dit, que c'est la vapeur mesme laquelle s'écha-pant de la nuë & fondant jufqu'en terre, forme l'apparence d'un ca-nal, ou d'une colonne.

Mais ce qu'on ajoufte, que *ces canaux attirent l'eau de la mer*, n'a point d'autre fens raifonna-ble que ce que nous avons dit en expliquant le deuxiéme Phé-nomene; fçavoir que la vapeur, en rejailliffant, peut élever l'eau jufqu'à une hauteur mediocre au-deffus de fon niveau : car de pré-tendre qu'il fe faffe un canal réel, par lequel, comme par une pom-pe, l'eau de la mer monte juf-ques aux nuës, c'eft une imagi-nation toute pure.

Ce qu'on ajoufte dans le fixié-me Phénomene, que *quand ces ca-naux font pleins d'eau, ils paroif-fent d'une couleur blafarde, &* *qu'ils difparoiffent quand ils font vuides*, n'eſtant qu'une ſuite de la meſme imagination, n'a nul beſoin d'éclairciſſement.

Je diray ſeulement que pour rendre raiſon des diverſes cou‑leurs ſous leſquelles ces colon‑nes & ces trombes peuvent pa‑roiſtre, il ſuffit de conſiderer, 1. le plus ou le moins de vapeur dont elles ſont compoſées. 2. Le plus ou le moins de condenſation de cette vapeur. 3. Le plus ou le moins de lumiére dont cette va‑peur eſt éclairée. Et 4. enfin les diverſes combinaiſons qui ſe peu‑vent faire de ces trois choſes.

Car ſi par exemple la vapeur eſt abondante, condenſée & fort éclairée du Soleil, elle doit pa‑roiſtre toute brillante; ſi la va‑peur eſt moins abondante, plus rare & également éclairée des rayons du Soleil, elle doit paroiſ‑tre d'une couleur blafarde; que ſi enfin les parties de la vapeur eſ‑tant fort déliées & fort écartées les unes des autres, elles ne reçoivent que peu de lumiére, & n'en refléchiffent que peu ou point, ces trombes ou ces çolonnes doivent difparoiftre.

Explication du feptiéme Phénomene.

Tout ce que contient ce feptié-me Phénoméne ne fert qu'à faire voir la vérité de noftre hypothefe,

Car, 1°, fi ces canaux fe plient & s'inclinent felon l'impulfion du vent, c'eft qu'ils ne font formez que de filets de vapeur, qui font tres fléxibles, & cela feul devroit perfuader que ces canaux ne font pas folides, comme il femble qu'on fe le figure dans la defcription qu'on en fait.

2°. Si ces canaux font fi-fort attachez aux nuës qu'ils s'alongent pour les fuivre; lors que le vent les emporte de maniére qu'ils ne s'en détachent jamais, c'eft que, ces canaux prennent leur fource dans ces nuës, & qu'ainſi elles les forment & les produiſent par tout où elles paſſent; de ſorte qu'il n'y a pas plus de ſujet de s'étonner que ces canaux ne ſe détachent pas de ces nuës voltigeantes, qu'il y en auroit d'eſtre ſurpris que le jet d'eau d'une fontaine artificielle n'a bandonnaſt jamais cette fontaine de quelque rapidité qu'on la puſt tranſporter d'un lieu à un autre.

3°. Quant à ce qu'on ajoûte que *ces canaux s'alongent pour ſui vre ces nuës*, ce n'eſt encore qu'une exagération toute pure. Ce qu'il y a de réel, c'eſt que les parties de la vapeur qui ſont une fois ſor ties de la nuë, ne pouvant, par bien des raiſons, avancer auſſi viſte que la nuë, dans le ſens qu'elle ſe meut; quand ces parties arrivent à terre, il s'en faut beaucoup qu'el les ne répondent perpendiculaire ment à l'endroit de la nuë d'où elles ſont ſorties; & ainſi les par ties de la vapeur qui ſont vers la terre,

terre, & celles qui font proche la nuë formant alors une efpéce de trombe ou de colonne inclinée ; cette trombe doit paroiftre s'alonger en la comparant avec ce qu'elle eftoit avant que la nuë fuft ainfi tranfportée. Car lors que la nuë eftoit ftable, la vapeur tomboit dans une ligne perpendiculaire, au lieu qu'elle tombe dans une ligne inclinée, quand la nuë fe meut : or tout le monde fçait que des lignes, qui d'un mefme point tombent fur un mefme plan, les inclinées font toûjours plus longues que les perpendiculaires.

Explication du huitiéme Phéno-mene.

Ce que contient ce huitiéme Phénomene eft encore une fuite naturelle de noftre hipothefe. Il n'eft nullement befoin, pour l'expliquer, ni de fuppofer *des canaux réels femblables à des boyaux, capables de s'alonger, de fe retref-*

H

fir, *ou de s'enfler*; ni *de l'eau dans ces canaux* , comme il paroiſt qu'on le ſuppoſe icy. Il ſuffit de ſçavoir que la matiére de ces trombes ou de ces colonnes n'éſt qu'une vapeur, laquelle s'échapant de la nuë avec violence, forme l'image d'un corps continu, étendu depuis la nuë juſques en terre. Car avec cela on comprendra aiſément que cette vapeur venant à eſtre foûétée de quelque vent horizontal, par en haut ou par en bas, doit ceder dans ces endroits, & faire paroiſtre ainſi ces colonnes, ou ces trombes plus étroites à un bout qu'à l'autre.

Quant à ce qu'on ajouſte, que *ſouvent tout le canal s'enfle, & devient auſſi gros qu'un muid,* cela prouve encore la fauſſeté de la ſuppoſition d'un canal réel, tel qu'on l'imagine : car de quelle matiére pourroit eſtre ce canal pour s'alonger, ſe retreſſir, ou ſe groſſir avec de tels excés? nul des boyaux de Neptune n'eſt capable de ces bizares effets : mais ils s'expliquent aiſément dans noſtre hipotheſe ; car les vapeurs qui ſont renfermées entre deux nuës, comme dans un Eolipile, devenant ſouvent dans la ſuite & plus abondantes & plus agitées que lors qu'elles ont commencé à ſortir de cette priſon, elles doivent auſſi faire plus de violence pour en ſortir ; & par cét effort, il eſt naturel que ſe faiſant une plus grande ouverture dans la nuë que celle qu'elles s'eſtoient faite d'abord, elles en ſortent auſſi plus abondamment, & forment ainſi l'image d'un corps beaucoup plus gros que celuy qui paroiſſoit au commencement.

Explication du neuviéme Phénomene.

Lors que la vapeur enfermée entre deux nuës eſt conſidérablement diminuée, elle en doit ſortir avec moins de violence ; & ainſi

ayant moins de force pour déplacer l'air qu'elle rencontre en son
chemin, elle doit estre & beaucoup affoiblie, & beaucoup diminuée quand elle arrive prés de la
surface de la mer ou de la terre,
& par conséquent le corps de la
trombe ou de la colonne doit paroiftre alors plus étroit en cét endroit, & il doit mefme fe détacher entiérement de la surface de
la mer ou de la terre, lors que le
cours de la vapeur eft tellement
affoibli, que quoy-qu'elle ait encore affez de force pour fortir de
la nuë d'une maniére fenfible, elle n'en a pas affez, à caufe de la
réfiftance continuelle de l'air, pour
arriver jufques fur la furface de la
mer ou de la terre.

Explication du dixiéme Phéno-mene.

La mefme caufe que nous avons
veû qui fait bouïllonner l'eau de
la mer, lors que ces trombes fe for-

ment, doit auſſi en meſme temps exciter ce *bruit ſourd*, dont il eſt icy parlé, ne ſe pouvant pas faire que l'eau bouïllonne, ſans quelque bruit: mais le vent qui cauſe & le bouïllonnement & le bruit venant à ſe fortifier à meſure qu'on voit le corps de ces trombes ſe former & s'augmenter, il faut auſſi que le bouïllonnement des eaux devenant plus violent & plus élevé, *le bruit* qui en réſulte *devienne plus aigu,* & qu'*il approche meſme du ſiflement des ſerpens.*

Si l'on avoit de la peine à concevoir que la ſeule action du vent ſur les eaux puſt cauſer ces deux eſpéces de bruit, on pourroit s'en éclaircir, & ſe le perſuader par la conſidération de ce qui ſe paſſe dans ces roſſignols que l'on fait pour le divertiſſement des enfans. Leur matiére eſt la terre, ou le métail: leur figure eſt celle d'un oiſeau: le corps de cét oiſeau eſt creux; on fait entrer de l'eau par deux ouvertures, dont l'une eſt vers le bec, & l'autre vers la queuë : on ſoufle par l'une de ces ouvertures, & le vent ſe refléchiſſant ſur l'eau, & la faiſant bouïllonner ; produit d'abord un bruit ſourd, ſi l'on ſoufle doucement : puis un bruit éclatant, ſi l'on ſoufle plus fort : & enfin un bruit plus ou moins aigu, à meſure qu'on ſoufle avec plus ou moins d'effort. Il eſt trop aiſé d'en faire l'application à noſtre Phénomene.

Explication de l'onziéme Phéno-
mene.

Comme ces trombes, ou ces colonnes ſont toûjours accompagnées d'un tourbillon de vent, ainſi que nous l'avons tant de fois remarqué, il ne faut pas s'étonner de ce qu'on dit icy, que *lors qu'elles viennent à rencontrer un vaiſſeau, elles ſe meſlent dans ſes voiles de telle ſorte, que quelquefois elles l'enlevent, ſur tout quand il eſt petit, & que le laiſſant enſuite retomber, elles le coulent à fonds ; ou que ſi elles ne l'enlevent pas, elles rompent du moins ſes voiles.* Il n'y a rien en tout cela qu'un tourbillon de vent ne puiſſe faire, & l'on peut meſme ajoûter qu'il n'y a qu'un vent violent (tel qu'eſt celuy qui tombe perpendiculairement d'une nuë) qui puiſſe cauſer ces ſortes d'effets : c'eſt pour cela que nous avons remarqué que le tourbillon de vent qui accompagnoit noſtre colonne, enlevoit à une fort grande hauteur tout ce qu'il rencontroit d'un peu mobile, & qu'il avoit meſme enlevé le toit d'une grange ; & ainſi nous ne pouvons avoir de plus ſolide confirmation de la vérité de noſtre conjécture, que ce que renferme cét onziéme Phénomene.

Quant à ce qu'on ajoûte, que ces trombes *laiſſent quelquefois tomber dans les vaiſſeaux toute l'eau qu'elles contiennent, ce qui les fait périr*, cela ne doit s'entendre que, ou de cette élévation d'eau dont nous avons parlé dans l'explication du second Phénomene de ces trombes, laquelle est quelquefois assez haute pour retomber dans les vaisseaux, ou mesme de la nuë à laquelle cette trombe est attachée, qui peut subitement se résoudre en eau, & tomber ainsi en abondance, comme nous l'allons expliquer dans l'éclaircissement du dernier Phénomene.

Explication du douziéme Phénomene.

Il y a icy deux circonstances, dont l'une n'a rien que de fort intelligible, & n'est qu'une suite de nostre hipothese, & l'autre a besoin de quelque éclaircissement.

La premiére est que pour prévenir les accidens dont on est menacé par ces trombes, les matelots commencent par entortiller tous les voiles. Il eſt viſible qu'on ne peut agir plus prudemment, s'il eſt vray, comme nous le ſuppoſons, que ces trombes ſoient toûjours accompagnées d'un tourbillon de vent; car comme les voiles n'ont eſté inventées que pour donner priſe au vent, c'eſt oſter priſe au tourbillon de vent de ces trombes, que d'abbatre ou d'entortiller les voiles, & ainſi c'eſt s'aſſeûrer que du moins il ne les rompra pas, & qu'il aura moins de force pour enlever le vaiſſeau: mais je défie qu'en abandonnant noſtre hipotheſe, on puiſſe rendre une raiſon ſolide de l'utilité de cette précaution.

La ſeconde circonſtance eſt une autre précaution dont ſe ſervent les matelots, & elle conſiſte à tirer quelques coups de canon. Juſques-là cette précaution n'a rien que de fort raiſonnable, car comme les nuës d'où ſortent ces trombes ſont plus baſſes que les autres,

& qu'elles font mefme toûjours fort baffes dans les temps de tempeftes, il eft vifible que l'ébranlement qu'un coup de canon caufe dans l'air, doit fervir ou à efcarter ces nuës & les efloigner du lieu où l'on eft, ou à les réfoudre en pluye; & c'eft pour cela qu'à l'armée, dans le temps de tonnerre, au lieu du fon des cloches, on tire du canon avec affez de fuccés.

Jufques-là donc cette précaution n'a rien que de jufte & d'utile : mais j'avoûë que je ne vois nulle raifon de ce qu'on y ajoûte, *car il faut, dit-on, charger le canon d'une barre de fer, & tâcher de couper la trombe avec cette barre.* Et on affeûre que fi on y réuffit, on voit auffitoft tomber l'eau du canal avec grand bruit. Comme ces circonftances me paroiffent abfolument inutiles, la liaifon de l'effet avec ces circonftances me femble purement imaginaire.

Quelle liaiſon de bonne foy peut-on imaginer entre le paſſage d'une barre de fer au travers de ces trombes qui ſont étenduës depuis la mer juſqu'aux nuës, & la diſſipation de ces trombes ? Paſſez & repaſſez vingt fois un baſton, ou une barre de fer au traver d'un jet d'eau d'une fontaine, en ſubſiſtera-t-il moins, & viendrez-vous enfin à bout de le diſſiper par là ? Et n'eſt-il pas viſible que pour cela il faut aller à la ſource ?

Il en faut dire autant de ces trombes, puis qu'effectivement elles ne ſont que des jets de vapeurs, qui coulent des nuës comme de leur ſource.

Mais voicy ce que c'eſt : on veut que ces trombes ſoient de véritables canaux, que ce ſoit des boyaux étendüs depuis la mer juſqu'aux nuës, & que le long de ces tuyaux l'eau de la mer monte effectivement juſqu'aux nues :

on devoit encore ajoûter, afin d'y porter des harangs, ce dernier n'euſt pas eſté moins croyable que le reſte.

La vérité eſt qu'il n'y a nulle vrayſemblance en tout cela: car enfin ſi ce ſont des canaux réels & fléxibles comme des boyaux, que ne nous dit-on quelle eſt leur matiére, & quelle eſt leur cauſe? que ne nous en fait-on voir quelque morceau, car puis qu'on en a tant coupé avec ces barres de fer, au moins en devroit-on voir quelque partie? Je veux que dans le temps de la diviſion, la nuë ait retiré la partie qui luy eſtoit attachée, au moins celle qui eſtoit au-deſſous de la ſection, a deû n'eſtant plus ſoûtenuë, retomber ſur l'eau & ſe rendre viſible: on en auroit donc quelque piéce; cependant c'eſt ce qui ne ſe voit point, parce qu'effectivement c'eſt ce qui n'eſt point.

Mais d'où vient donc, dira-t-on, que

que lors que la barre de fer coupe ces canaux, l'eau en tombe avec grand bruit?

Je réponds que ce n'eſt pas des canaux que l'eau tombe, puis qu'il n'y a ni eau ni canaux : mais c'eſt de la nuë meſme d'où ſort la trombe ; & ce qui fait tomber cette eau, n'eſt pas la barre de fer, mais le ſeul coup de canon, & voicy de quelle maniére cela ſe fait.

Tout le monde ſçait que les nuës ſe réſolvent en pluye, ou par l'action du vent & l'agitation de l'air, ou par la chaleur. Il eſt donc aiſé que l'air eſtant extrémement ébranlé par un coup de canon, ſon agitation ſe porte juſqu'aux nuës, ſur tout lors qu'elles ſont baſſes, comme nous le ſuppoſons ; mais comme l'air n'eſt pas ſimplement ébranlé par un coup de canon, & qu'il eſt encore dilaté & échaufé ; cét air échaufé venant à s'appliquer aux nuës, on peut bien

penſer qu'il doit fondre une partie de la matiére dont elles ſont
compoſées, & les réſoudre ainſi
en une pluye abondante, laquelle venant à tomber bruſquement
dans la mer, doit cauſer le bruit
que l'on remarque icy.

Et ce qui fait qu'alors la trombe ſe diſſipe & diſparoiſt, c'eſt
qu'une partie de la matiére de la
nuë d'où elle ſortoit eſtant fon-
duë, & le corps de l'Eolipile que
cette nuë formoit eſtant affoibli,
il faut qu'il céde à l'effort continuel que les vapeurs & les exhalaiſons font pour en ſortir ; de-
ſorte que cette nuë ſe crevant &
ſe dechirant tout d'un coup en
pluſieurs endroits, les vapeurs &
les exhalaiſons ſortant en meſme
temps par toutes ces iſſuës, elles
doivent en peu de temps ſe diſſiper ſans effort & d'une maniére
inſenſible ; & ainſi la trombe qui
ne conſiſtoit que dans un jet violent de ces vapeurs, doit abſolument diſparoiſtre.

Nous voicy à la fin de tout ce
que le Journal des Sçavans dit
des effets & des circonſtances des
trombes de mer. Je penſe m'eſtre
ſuffiſamment tiré de l'engagement
où je m'eſtois mis, de les expliquer ſuivant la conjécture ou l'hipotheſe ſur laquelle la colonne de
nuë a eſté expliquée ; & l'on a
veû, ſi je ne me trompe, un tel
rapport entre ces Phénomenes de
mer & noſtre conjécture, qu'il
ſemble que la conjécture n'ait eſté
faite que pour expliquer ces Phénomenes, & que les Phénomenes
n'ayent paru que pour fortifier &
établir la conjécture. Et ainſi il
n'y a plus de lieu de douter que
ces trombes de mer ne ſoient de
meſme nature que noſtre colonne
de nuë, & que celles-là ne recon-
noiſſent les meſmes cauſes que
celle-cy.

Une ſeconde réfléxion qu'on
peut faire icy, eſt que les matelots pourront déſormais s'épargner

des barres de fer, & la peine qu'ils
prennent à pointer leur canon fur
ces trombes ; car c'eft ce qui s'appelle tirer en l'air, ou contre le
vent. On peut tirer du canon pour
ébranler l'air & éloigner la nuë
d'où fort la trombe, ou du moins
pour effayer de la réfoudre en
pluye ; mais pour cela, il n'eft befoin ni de barre de fer, ni de
boulet.

Il eft bon néanmoins de remarquer que fi la nuë qui porte la
trombe eftoit extrémement baffe,
il ne feroit pas inutile de charger
le canon de boulet, & de pointer fur la nuë, car fi le boulet ar-
rivoit jufqu'à elle & la perçoit,
je ne doute nullement qu'il ne dif-
fipaft la vapeur qui forme la trombe ; c'eft une expérience aifée à
faire, & qui ne couftera pas plus
que de tirer à coups de barre fur
la trombe mefme.

SECONDE ADDITION
du 21. Aouſt de l'an 1683.

UN homme de qualité & d'eſprit, qui a ſervi ſur mer, & obſervé pluſieurs de ces trombes, m'ayant ſoûtenu depuis peu qu'elles ſont formées par les eaux de la mer qui s'élevent juſqu'aux nuës, je me crois obligé d'ajoûter à tout ce que j'ay dit, pour réfuter ce ſentiment, une réfléxion qui me paroiſt déciſive, & qui, ſi je ne me trompe, tranchera abſolument toute la difficulté qui pourroit reſter là-deſſus.

Tout le monde ſçait que la nature agit d'une maniére aſſez uniforme dans la formation de ces ſortes de météores. Si donc on peut juſtifier qu'en quelques rencontres où ces trombes & ces colonnes ont paru, elles n'ont pas eſté formées par le ſoulevement des eaux depuis la terre jusqu'aux nuës, on sera obligé de porter le mesme jugement de toutes les autres. Or c'est un fait qu'il m'est fort aisé de justifier par la colonne de nuë dont je viens de faire la description.

J'observay sa route l'espace de trois quarts d'heure. Pendant ce temps je luy vis faire prés de trois lieuës de chemin; & non-seulement je ne vis point d'eau sur sa route, mais je vis mesme assez distinctement qu'il n'y en pouvoit avoir. Je n'en crus pas tout-à-fait mes yeux: je me transportay sur les lieux; je suivis l'espace d'une demy-lieuë sa route qui estoit aussi sensible que les chemins les plus batus, & constamment je ne rencontray nulles eaux dans tout cét espace. Il est vray qu'elle ne passa pas loin de l'étang de Sillery: mais outre qu'elle ne passa pas par dessus; quand mesme on accorderoit que cét étang luy auroit four-

ni des eaux, luy en auroit-il pu
fournir jufques à deux lieuës delà ? & par quelle efpéce de miracle ces eaux ou ce jet d'eau ainfi
féparé de fa fource auroit-il pu
accompagner la nuë jufqu'à deux
lieuës de là, & demeurer ainfi
comme attaché & fufpendu à-la
nuë, fans fe réfoudre, fans fe répandre en terre, & fans fe diffiper ? Seûrement ce miracle paffe-
roit celuy de la féparation des
eaux de la Mer Rouge. Voilà donc
conftamment une véritable trombe qui n'a point efté formée par
le foulevement des eaux de la terre, & par conféquent on n'a pas
droit de juger que celles qui paroiffent fur mer fe forment d'une
autre maniére.

TROISIE'ME ADDITION

OÙ

SUR LES MESMES PRINCIPES, *on explique une nouvelle colonne de nuë qui apparut en Brie au mois d'Aouſt de l'année 1687.*

PLUSIEURS années aprés avoir écrit ces conjéctures, une perſonne de mérite qui n'avoit jamais oûi parler ni de trombes de mer, ni de colonnes de nuë, m'apprit qu'il avoit eſté depuis quelques jours ſpectateur d'un de ces Phénomenes; & jugeant bien par le peu qu'il m'en dît (dans une occaſion où nous n'avions pas toute la liberté de nous entretenir) que ce qu'il avoit veû eſtoit fort conforme à la colonne de nuë qui apparut en Champagne en l'année

1680. je le priay de m'en faire une defcription éxacte. Il ne l'a pas fimplement faite, il y a encore joint fes conjectures & fes expli- cations ; & comme j'ay fait fur le tout quelques remarques affez propres à confirmer l'hypothefe fuivant laquelle j'ay expliqué la co- lonne Champenoife & les trom- bes de mer, j'ay crû qu'il eftoit à propos d'ajoûter encore icy fon écrit & fes remarques.

EXTRAIT

D'UNE LETTRE

qui contient la description de la nouvelle Colonne de nuë, & l'explication que l'Auteur en a faite, avec des remarques sur l'une & sur l'autre.

JE vous envoye M... la relation que vous souhaitez. Il faudroit estre sçavant dans la science que vous possédez, entre autres parfaitement, pour vous exprimer avec des termes propres & énergiques les choses que j'ay veûës. Ce qui me fait croire néanmoins que je vous les donneray assez à entendre, c'est que je les ay aussi présentes que si elles estoient devant mes yeux, & que les espéces qu'elles ont laissées dans ma mémoire n'eſtant point confuſes, je n'auray nulle peine à les exprimer.

Au reſte, il faut avant d'entrer en matiére que je vous prévienne ſur les faux raiſonnemens que vous pourrez trouver dans mes petites réfléxions que je prétens faire au bas de ma lettre.

Souvenez-vous, je vous prie, que c'eſt un écolier qui dit ſes penſées naïvement à ſon maiſtre, afin de l'engager à les redreſſer, ſi elles ne ſont pas juſtes; & que n'ayant nuls principes dans les ſciences qui regardent les aſtres & les météo-res, on auroit tort d'eſtre ſurpris ſi je me ſervois de termes impro-pres, & ſi je raiſonnois mal-à-pro-pos. Je ne ſçay parler de ces cho-ſes qu'avec des ignorans, & pour me tirer d'une converſation ordi-naire.

REMARQUE I.

Il n'eſt pas beſoin de faire icy remarquer la modeſtie de l'auteur;

il suffit de dire que ce n'est là qu'un
leger crayon de ce que l'on en dé-
couvre dans toute sa conduite,
quand on a l'honneur de le con-
noistre.

L'AUTEUR
de la Lettre.

Environ le 15. jour d'Aoust il
fit un grand tonnerre sur les quatre heures aprés midy; & aprés
avoir grondé environ une demi-
heure, il fit un éclat si épouvan-
table, que ne doutant point du
tout qu'il ne fust tombé proche de
la maison où j'estois, j'ouvris vis-
tement la fenestre de ma chám-
bre, & j'apperceûs une colonne
de la couleur d'une nuë épaisse,
qui occupoit l'espace qui est entre les nuës & la terre.

REMARQUE. II.

Voicy encore une colonne de
nuë sur terre. C'est la seconde qui
soit venuë à ma connoissance. Il
pourroit

pourroit y avoir des païs où elles
seroient plus fréquentes ; mais je
n'en ay point oûï parler.

L'AUTEUR.

D'abord il faut que je vous avoüe
que je sentis une joye si grande
de voir une chose aussi extraordinaire pour moy, que quoy-que
cette colonne ait esté prés d'un
demi-quart d'heure à se réunir aux
nuës, j'estois fort fasché de ce
qu'elle se dissipoit si-tost.

REMARQUE III.

: Nous verrons dans la suite ce
que se peut estre que cette pré-
tenduë réunion de la colonne avec
les nuës.

L'AUTEUR.

Elle me paroissoit de figure ronde, ayant environ cinquante pieds
de tour par le haut, & diminuant
toûjours jusques en terre, en sorte que par sa pointe elle ne pa-

roiſſoit pas avoir plus de huit pieds.

REMARQUE IV.

Pour la figure de cette colon‑ne, c’eſt juſtement la meſme ſous laquelle la colonne Rémoïſe nous parut. Mais on trouvera peut‑eſtre étrange que cette nouvelle colon‑ne n’ait point eû de piramide pour piédeſtail, & qu’elle ait eſté plus menuë en bas qu’en haut : ce qui eſt tout le contraire de la colonne Rémoïſe.

Cependant, ſi l’on ſe ſouvient que la colonne Rémoïſe n’eſtoit pas toûjours accompagnée de ſon piédeſtail, & qu’il diſparoiſſoit lors que la colonne paſſoit ſur un ter‑rain où il n’y avoit rien à enle‑ver, comme ſur une prairie *, l’on ceſſera de s’étonner que l’auteur de la lettre n’ait point remarqué de piédeſtail à celle‑cy, dés qu’on aura veû un peu plus bas, que l’en‑droit où cette colonne luy parut, eſtoit un bois taillis, d’où il n’y

* Voyez l’explica‑tion du neuviéme Phé‑nomene de la co‑lonne de nuï.

avoit rien à enlever, ou mefme qui eftoit capable d'offufquer ce qu'elle pouvoit enlever.

A l'égard de la diminution de la colonne par le bas, on peut en alléguer deux caufes tres - receva-bles, dont une feule peut fuffire pour cét effet.

Et premiérement on peut dire, comme nous avons fait dans l'ex-plication du huitiéme Phénomene des trombes de mer, que c'eftoit quelque vent horifontal, qui foûét-tant contre terre, la retrecissoit par le bas, & luy oftoit mefme la pi-ramide, qui fans cela luy auroit fervi de piédeftail.

Secondement, l'on peut dire avec encore plus de vray - femblance, que la caufe de cette diminution de la colonne, eftoit la diminution de la violence dont la vapeur for-toit de la nuë: car cét affoiblisse-ment l'empefchant de tomber juf-ques en terre, & l'obligeant à ter-miner fon cours fur la furface de l'air, la différence qu'il y a entre ces deux ſujets, a deû mettre cette grande différence entre la colonne de Brie & celle de Champagne, & voicy à peu prés comme cela s'eſt fait.

Lors que la vapeur a aſſez de force pour j'aillir juſqu'en terre, l'on conçoit aiſément que la dureté du terrain peut l'obliger à gliſſer à la ronde dans une certaine eſpace, & à refléchir meſme en circulant, & á former ainſi une eſpéce de piramide qui rende la colonne plus groſſe par le bas que par le haut.

Mais il arrive tout le contraire, lors que la vapeur ne pouvant jaillir juſqu'en terre, elle eſt obligée de s'arreſter ſur la ſurface de l'air; parce que l'air, à cauſe de ſa fluidité, amortiſſant ſon mouvement, affoiblit & arreſte meſme beaucoup plûtoſt, & plus ſenſiblement les rayons de vapeur qui ſont vers la circonférence de la colon-

ne, que ceux qui font vers le centre, car le mouvement eft moins
violent vers la circonférence que
vers le centre. Ainfi, de tous les
rayons qui compofent cette colonne, ceux qui font les plus proches du centre perçant dans l'air
plus avant que ceux qui en font
plus éloignez, & allant ainfi plus
loin, c'eft une néceffité qu'alors la
colonne foit plus menuë en bas
qu'en haut; & elle y doit eftre
mefme un peu pointuë, car c'eft
par cette mefme raifon que la flâme des flambeaux fe termine en
pointe; & une marque infaillible
de cela, c'eft qu'on n'a qu'à appliquer un corps folide à la pointe
d'une de ces flammes, & l'on aura
le plaifir de luy voir changer fa
figure piramidale, & de remarquer que ce qui en eftoit la pointe
deviendra la bafe. Il faut encore
inférer delà que lors que les colonnes font fur leur fin, elles doivent paroiftre plus menuës en bas
qu'en haut.

K iij

L'AUTEUR.

Elle estoit tombée perpendiculairement, & resta dans le mesme estat & de la mesme couleur extrémement sombre pendant environ trois miserere, sans que je pusse voir ni quel mouvement elle avoit, ni de quelle matiére elle estoit formée.

REMARQUE V.

La couleur sombre de cette colonne, si différente de la couleur sous laquelle parut la colonne Rémoïse, venoit asseûrément de ce que l'air estant extrémement chargé, cette colonne n'estoit nullement éclairée des rayons du soleil, comme estoit la colonne Rémoise.

L'AUTEUR.

Au bout de ce temps, apparemment que la violence & la précipitation de son mouvement commença à diminuer, parce que je commençay à le difcerner. Il eftoit circulaire, c'eft-à-dire, que les parties de la colonne circuloient en elles-mefmes, & piroûëtoient fur un mefme centre, & la matiére de ce corps eftoit la mefme affeûrément que les nuës.

REMARQUE VI.

Rien n'eft plus propre à confirmer la conjé&ure que j'ay formée fur la matiére & fur le mouvement de la colonne Rémoife, que ce que l'auteur dit icy ; car fans avoir pu voir cette colonne de plus prés que d'une lieuë, j'ay jugé qu'elle formoit un tourbillon, & que fa matiére qui eftoit la mefme que celle des nuës, circuloit & piroûëttoit en elle-mefme. Voyez l'explication du feptiéme Phénomene de la colonne de la nuë Rémoife.

L'AUTEUR.

Petit à petit elle fe dilatoit à

peu prés comme de la laine pref-
fée lors qu'on luy donne plus d'é-
tenduë.

REMARQUE VII.

C'eſt une des propriétez des
vapeurs que de ſe reſſerrer & ſe
dilater ainſi.

L'AUTEUR.

Remarquez que plus ce corps
ſe dilatoit, plus il me paroiſſoit
que le mouvement diminuoit,
quoy-qu'il fuſt toûjours grand, &
plus auſſi la colonne quittoit la
terre pour ſe réunir au corps des
nuës. Je m'apperceûs encore que
la colonne remontant toûjours en
circulant, elle s'élargiſſoit de plus
en plus, juſques à ce qu'elle ren-
traſt dans cette mer aérienne d'où
elle eſtoit ſortie.

REMARQUE VIII.

Pour rendre raiſon de ces deux
effets, il ne faut que rappeller l'ex-

plication que nous avons don-
née du neuviéme Phénomene des
trombes de mer : car nous avons
remarqué que la vapeur renfermée entre deux nuës eſtant conſidérablement diminuée par la diminution de la chaleur, elle doit
ſortir avec beaucoup moins de violence, & qu'ainſi ayant moins de
force pour déplacer l'air, la réſiſtance de celuy-cy doit écarter ſes
parties, & dilater les filets ou les
rayons dont elle eſt compoſée; &
l'affoibliſſement de ſon mouvement peut, & doit meſme devenir
ſi grand, que quoy-qu'elle ait aſſez
de force pour ſortir de la nuë d'une
maniére ſenſible, elle n'en ait pas
aſſez pour arriver juſques en terre.

Enfin l'on voit bien qu'à proportion que l'écoulement de la vapeur devient moins abondant, il
devient moins rapide ; qu'à meſure qu'il eſt moins rapide, il va
moins loin ; & qu'ainſi tout cela
diminuant à chaque moment avec

des proportions égales, la colonne doit diminuër de mefme, &
paroiftre ainfi *quitter la terre pour
fe réunir aux corps des nuës, &
rentrer dans cette mer aërienne d'où
elle eftoit fortie.*

Mais cette rentrée & cette réunion, que l'auteur répéte fouvent
n'ont guéres d'autres fens raifon-
nable que celuy qu'on vient d'y
donner.

L'AUTEUR.

Il eft bon auffi de vous dire
qu'il ne plut point de toute cette
foirée, car cela entrera pour quelque chofe dans ma réfléxion.

REMARQUE. IX.

Cela doit auffi entrer dans les
miennes, car j'ay remarqué qu'il
ne plut point par tout où la colonne de nuë paffa.

L'AUTEUR.

Dés que ce fracas fut ceffé, je

descendis de ma chambre, dans le dessein de faire visite de l'endroit où je croyois que le tonnerre estoit tombé, qui estoit sur le chemin de Villegagnon où je devois souper ce soir-là : mais je ne vis rien du tout sur la terre qui me pust satisfaire, ni qui me marquast que le tonnerre y estoit tombé; d'où je conclus que je m'estois trompé de quinze ou vingt pas, & qu'il estoit tombé un peu plus loin, dans un petit bois taillis haut d'environ cinq pieds, qui est auprés de Villegagnon, dont le Chasteau est à quatre cens pas de la maison où je demeure ; car l'endroit où je m'estois imaginé que je trouverois quelques vestiges n'en est pas à plus de trois cens, & c'est ce qui me fit si bien distinguer cette colonne.

REMARQUE X.

Remarquez icy, ce qui paroistra encore davantage par la suite, que l'Auteur ne distingue nullement la chute du tonnerre d'avec la chute de cette colonne, ni le tonnerre mefme d'avec la colonne, quoy-qu'il foit certain que ce font deux chofes fort différentes, comme il paroiftra par le petit traité du tonnerre qu'on joindra immédiate-ment à celuy-cy.

Remarquez encore que voilà le petit-bois, qui feul pouvoit em-pefcher que la colonne n'euft une piramide pour piédeftail.

L'AUTEUR.

En arrivant chez Monfieur le Marquis de Villegagnon, je luy contay ce que je viens de vous dire ; & comme je luy marquois l'endroit, il me dît que les filles de Madame fa femme eftoient en-core toutes effrayées & faifies de la peur qu'elles avoient eûë du tonnerre qui eftoit tombé à vingt pieds d'elles, comme elles faifoient la leffive à la fontaine, qui n'eft qu'à trente ou quarante pas de l'en-

l'endroit que je luy marquois, &
qui eſt dans le petit bois dont
j'ay parlé. Je m'informay de ces
filles des choſes qu'elles avoient
remarquées ; mais elles me ré-
pondirent qu'elles n'avoient ſon-
gé qu'à fuir de toute leur force,
ſans regarder derriére elles. Je fus
faſché que pas une n'eût la meſme curioſité que la femme de
Loth, car j'aurois eſté bien-aiſe
de trouver quelqu'un qui euſt veû
les meſmes choſes que moy.

EXPLICATION
de l'Auteur.

Aprés vous avoir fait le détail
de la choſe , ſouffrez qu'à ma
maniére je vous en diſe ma penſée.

Je croy donc que ce qui cauſa
cette colonne fut l'air comprimé
entre deux nuës qui eſtoient l'une
ſur l'autre , & pouſſées par des
vents différens : cét air comprimé,
en ſortant par la nuë d'en bas, en
a emporté avec luy une portion,

qui eſtant d'une matiére ſpongieu-
ſe dont les parties ſont embaraſſantes les unes dans les autres, elles ſe ſont toûjours tenuës liées
enſemble, en ſuivant le mouvement du tourbillon qu'elles renfermoient, juſques à ce que le mouvement venant à diminuër, cette
matiére fuſt ratirée (ſouffrez ce
mot) par le corps des nuës auſ-
quelles elle tenoit par le bout d'en
haut. Ce qui d'abord me ſurprit,
c'eſt que cette colonne remonta,
& qu'elle ne ſe détacha pas des
nuës pour ſe diſſiper en pluye, ou
s'évaporer dans l'air ; au contraire
elle ſe réunit aux nuës, à peu prés
comme une glaire d'œuf qu'on tiré
à ſoy, aprés l'avoir laiſſé tomber
deux ou trois pieds vers la terre.

REMARQUE XI.

Quoy-que cette explication ne
ſe ſoûtienne pas dans toutes ſes
parties, elle a néanmoins quelque
choſe de fort vray-ſemblable ; du

moins a-t-elle cela de bon, que laiſſant à part l'uſage des qualitez &
des vertus occultes, elle ne ſe ſert
que des principes de la mécani-
que, & que de la conſidération
de la figure, de la ſituation, de
l'arrangement, & du mouvement
des parties dont les corps ſont viſiblement capables : conduite fort
remarquable en une perſonne, laquelle ne s'eſtant jamais beaucoup
appliquée à la Phyſique, n'a guéres eû dans cette ſpéculation d'autre guide que le bon ſens.

La conjécture de l'Auteur me
paroiſt donc également vraye &
judicieuſe, en ce qu'il a penſé que
c'eſtoit un air ou un vent qui avoit
crevé la nuë d'en bas, & qui ſortant par cette ouverture, avoit formé une eſpéce de tourbillon. Juſques-là il n'y a rien que de juſte.

Mais j'avoüë que la maniére
dont il prétend que cela s'eſt fait
n'a nulle apparence.

Car, 1°, il n'y a nulle apparen-

ce à ce qu'il dit, que cét air n'eſtoit que celuy qui a pu eſtre comprimé, ou plûtoſt exprimé entre
deux nuës , pendant qu'empor-
tées par des vents différens, elles
paſſoient l'une au-deſſus de l'autre : car on voit bien 1. que ce
paſſage de deux nuës l'une au-deſſus de l'autre, ne devant pas du-
rer long-temps, l'air qui en eſtoit
exprimé, ne devoit pas former un
Phénomene de ſi longue durée.
2. L'air compris entre deux nuës,
pendant qu'elles paſſent l'une audeſſus de l'autre, n'a garde d'a-
voir aſſez de force pour crever la
nuë de deſſous, & pour former un
tourbillon qui deſcende juſques
en terre, & qui dure ſi long-temps.
Il auroit beaucoup plus de facilité de couler le long de ces nuës,
& de s'échaper par leurs extrémitez ; & tant que ces ouvertures ſe-
roient libres, il n'y a nulle apparence qu'il puſt forcer la nuë de
deſſous juſques à la crever. 3. Quand

l'Auteur suppoſeroit, comme il paroiſt faire, que ces deux nuës ſe-
roient attachées l'une à l'autre &
fermées vers les extrémitez par
des vents contraires, dont l'un ſou-
fleroit de haut en bas, & l'autre de
bas en haut (ſuppoſition fort extraordinaire) il ſeroit encore incroyable que l'air compris entre
ces deux nuës euſt la force de les
crever; plus incroyable que crevant celle de deſſous, il puſt deſ-
cendre juſques en terre, & tres-
incroyable enfin, que deſcendant
juſques en terre, il puſt former &
fournir un tourbillon l'eſpace d'un
quart d'heure.

2°. Il n'y a pas plus d'apparence à ce que l'Auteur prétend, que
cét air crevant la nuë de deſſous
l'ait alongée juſques à en faire un
tuyau ou une colonne creuſe qui
ſe ſoit étenduë juſques en terre.
Je conçoy bien que la matiére des
nuës eſt capable de quelque extenſion, & c'eſt par là que j'ay ex-

L iij

pliqué le chapiteau de la colonne de nuë Champenoiſe *; mais que cette extenſion puiſſe aller juſqu'à un ſi énorme excés, c'eſt ce qui eſt abſolument incroyable.

3°. Quand on paſſeroit cela, il n'y auroit pas moyen de paſſer ce que l'Auteur dit enſuite, ſçavoir que ce tuyau ou cette colonne creuſe ſuivoit le mouvement du tourbillon qu'elle enfermoit. Cela n'auroit jamais pu arriver, quand meſme le corps de cette colonne auroit eſté un véritable boyau, car un boyau n'eſt capable que de fort peu de révolutions, & encoré dés qu'il en a fait deux ou trois, il devient incapable de contenir aucune liqueur. Comment donc prétend-on que cette colonne creuſe, qui n'eſtoit compoſée que de la matiére figée des nuës, ſuivit ainſi le mouvement du tourbillon, c'eſt-à-dire, qu'elle circulaſt comme luy, & qu'en circulant elle le renfermaſt toûjours.

4°. Il y a encore moins d'apparence à ce qu'on ajoûte, que le
mouvement venant à diminuër,
cette colonne *remonta & fut rati-*
rée par le corps des nuës ausquel-
les elle tenoit par le bout d'enhaut.
Sans mentir si l'on ne donne pas
icy de vertu attractive aux nuës,
c'est donner à la matiére dont elles
font composées un terrible ressort;
mille éxemples semblables à celuy
de la glaire d'œuf n'en pourroient
pas justifier le quart. Voyons néanmoins la raison que l'Auteur donne de cette retraite de la colonne,
& de ce qu'il prétend qu'elle ne
s'évapora point en l'air, ni qu'elle
ne se répandit point en pluye.

L'AUTEUR.

La raison de cela, c'est que la
matiére de la nuë n'ayant pas encore esté assez batuë des vents, &
n'ayant pas assez fait de chemin,
pour que les parties attachées les
unes aux autres se détachassent,

elles produifirent cét effet; & une marque de cela, c'eft qu'il ne plut point ce jour-là, comme je vous ay dit, parce qu'il ne pleut ordinairement que lors que les parties des nuës ayant efté féparées les unes des autres par les vents & par leur marche, elles fe réfoudent en pluye, à peu prés comme une amelette dont les parties fe tiennent enfemble, & qui ne fe divifent les unes des autres qu'a-prés qu'on les a bien batuës : or ce qui fortifie ma penfée, c'eft que s'il ne plut pas ce jour-là, ce ne fut pas manque de la quantité de la matiére, puis que les nuës eftoient extrémement épaiffes &: noires, mais parce que la qualité n'y eftoit pas encore.

REMARQUE XII.

Il y auroit icy bien des chofes à dire fur la maniére dont l'Auteur explique la réfolution des nuës en pluye : mais comme cela

nous écarteroit trop de noſtre ſujet , il ſuffit de remarquer qu'il
rend des raiſons peu vray-ſembla-
bles de deux faits parfaitement
faux : car il eſt également faux, &
que cette colonne ſe ſoit réunie
aux nuës comme une glaire d'œuf
qu'on tire à ſoy, & qu'elle ne ſe ſoit
pas évaporée en l'air. Comme elle
ne conſiſtoit que dans un écoulement de la vapeur compriſe entre deux nuës, ainſi que nous l'a-
vons ſi probablement juſtifié, la
ſource de cét écoulement eſtant
tarie, l'on voit bien que ce qui s'en
eſtoit écoulé, & qui formoit la colonne a deû s'évaporer, & ſe diſſiper en l'air ; & l'on voit bien encore que cette diſſipation ſe faiſant
peu à peu depuis le bas juſques en
haut, la colonne a deû paroiſtre ſe
retirer dans les nuës, quoy-qu'elle
n'ait fait que s'évaporer en l'air.

L'AUTEUR.

Cette matiére donc eſtant encore glutinée, le tourbillon, en se faisant jour au-travers de l'une des nuës, en emporta avec luy une partie, à laquelle il donna sa forme & son mouvement, lequel venant à diminuer laissa à cette matiére la liberté de se réunir au corps auquel elle estoit glutinée par la partie d'enhaut qui estoit beaucoup plus grosse que le reste.

REMARQUE XIII.

Comme l'Auteur ne fait que répéter icy en d'autres termes les mesmes choses sur lesquelles nous avons déja fait des réfléxions, il seroit inutile d'en ajoûter de nouvelles : l'on voit bien qu'en cét endroit il a plus suivi les impressions & les préjugez du vulgaire, que consulté son bon sens.

L'AUTEUR.

De tout cela je tire une conjécture, que toutes les fois qu'il tonne, le tonnerre (qui n'est autre

chofe qu'un air que la compref-
fion de deux nuës pouſſées par des
vents différens écarte avec violence) tombe toûjours, c'eſt-à-
dire , pénétre toûjours l'une des
deux nuës, celle d'enbas, ou celle de deſſus , ſelon l'épaiſſeur de
l'une ou de l'autre. S'il perce
celle d'en haut, il ſe perd dans
la moyenne région; ſi celle d'en
bas eſt plus foible, il tombe ſur
la terre, ou du moins à une diſtan-
ce proportionnée à ſa violence ; &
c'eſt ce qui me fait croire que la
raiſon pour laquelle il tombe plûtoſt ſur les montagnes, ſur les Clo-
chers , les Egliſes, &c. vient de ce
que le tourbillon n'a pas toûjours
aſſez de force pour tomber plus
bas, & par conſéquent il ſe perd
dans l'air, à moins qu'il n'y trouve ou une montagne, ou une Egli-
ſe, ou quelque autre corps élevé.

REMARQUE XIV.

Rien ne ſeroit plus juſte que ce

que l'Auteur vient de dire du tonnerre, s'il en avoit oſté la paren-
theſe; & ſi au lieu de le prendre
pour un air chaſſé d'entre deux
nuës, il l'avoit regardé comme une
exhalaiſon enflammée, laquelle ſe-
coûant les nuës qui luy ſervent de
priſon, s'élance avec effort par les
ouvertures qu'elle s'eſt faite par
ſes ſecouſſes, car nous allons faire
voir dans le Traité que nous join-
drons à celuy-cy, que ce n'eſt que
par une pareille exhalaiſon enflammée qu'on peut expliquer tous les
divers & bizarres effets du tonnerre, & que ni l'air chaſſé le plus
violemment, ni les vents les plus
furieux ne ſont capables ni de fondre les metaux, ni d'aveugler par
les éclairs, ni enfin de former des
incendies, comme l'on ſçait que
fait le tonnerre.

CONJE-

CONJECTURES

SUR LES EFFETS EXTRAORDINAIRES

DU TONNERRE

*QUI TOMBA A SOISSONS
sur l'Abbaye de Saint Médard
le 26. Avril 1676.*

AVERTISSEMENT.

LE tonnerre a fait paroiſtre de
tout temps des effets également bizarres & ſurprenans, &
de tout temps auſſi ces effets ont
eû leurs admirateurs. La pluſpart
des hommes ſe ſont toûjours fait
un plaiſir de les regarder comme
des prodiges beaucoup audeſſus
de l'ordre naturel ; & par une diſ-
poſition peu différente de celle
des Payens, qui ſe formoient autant de nouvelles divinitez, qu'il
ſe préſentoit d'effets un peu ex-

M

traordinaires, on ſe figure aujour-
d'huy autant de miracles que le
tonnerre laiſſe de veſtiges.

Mais je ne ſçay s'il a jamais
rien paru, en cette matiére, de plus
ſurprenant, que ce qui arriva dans
la chûte du tonnerre ſur l'Abbaye
de Saint Médard le 26. d'Avril
de l'année 1676. On n'y a peut-
eſtre jamais remarqué ni tant de
violence, ni tant de délicateſſe,
ni tant de bizarrerie. Tantoſt c'eſt
un Mars furieux qui perce les
murailles les plus épaiſſes, & ren-
verſe les Tours les plus fortes:
tantoſt c'eſt un Peintre tranquile,
qui de mille couleurs diverſes, ſur
des murailles aſſez foibles, trace
mille différentes figures. Icy c'eſt
un feu folet qui épargne la paille
& l'étoupe: là c'eſt un feu con-
ſumant qui ne pardonne pas meſme au métail. En quelques endroits on voit un bucheron aſſez
groſſier, qui met des chevrons en
lattes: on remarque ailleurs un

ouvrier délicat qui réduit des chevrons en forme d'alumettes, &
qui du bois le plus fec fçait former des balais. Enfin on y ob-
ferve par tout, ou la violence,
ou la délicateffe, ou la bizarrerie.

Auffi ces effets n'ont-ils man-
qué ni de fpéctateurs ni d'admirateurs. On a cent fois levé les
mains & les yeux au ciel, cent
fois crié au prodige. Il y avoit de
la témérité à penfer qu'on pourroit rendre des raifons naturelles de
ces effets : c'eftoit s'expofer vai-
nement à un grand travail, &
c'eftoit enfin paffer pour un homme de peu de foy, de n'y recon-
noiftre pas les derniers efforts de
la puiffance d'un Dieu. *Miracle*,
miracle, difoit-on ; & avec ces
deux mots on infultoit hardiment
à la Philofophie & aux Philofophes, & on croyoit avoir rendu
les derniéres raifons de ces effets.

Que le peuple donne aifément
dans le miracle, particuliérement

en matiére de religion, on ne
voit rien là de bien furprenant;
mais que d'habiles gens, & des
perfonnes qui ont dû par leurs
lumiéres eftre élevez aux premiers emplois qu'elles poffédent,
crient au miracle pour rendre raifon de quelques effets du tonnerre, c'eft en vérité ce qu'on a
de la peine à comprendre.

Néanmoins fi l'on y prend garde de prés, on pourra trouver la
raifon d'une difpofition fi univer-
felle dans les hommes : elle eft
commode; elle flatte noftre vani-
té; & c'en eft affez pour faire
qu'on y entre naturellement. Il
eft peu de gens qui ne veuïllent
paroiftre fçavoir tout ce qui fe
peut connoiftre naturellement; &
ainfi, lors qu'il fe préfente quelque effet dont il eft mal-aifé de
rendre raifon, parce que les caufes n'en font pas fenfibles, on eft
tout porté à le croire furnaturel.
On auroit ou trop de confufion

d'avoüer son ignorance, ou trop
de peine à s'engager dans la re-
cherche de ces causes. C'est une
voye & bien plus courte, & bien
plus seûre, soit pour la réputa-
tion, ou pour son propre repos,
de crier tout d'un coup au miracle. On se délivre par là de bien
des maux ; & le prétexte spécieux
de la religion s'en meslant, on
prétend mesme par cette conduite
rendre un grand service à Dieu,
en luy conservant une gloire qu'on
luy voudroit oster.

Cependant, il est certain que
comme il y a de l'orgueïl à vouloir prononcer sur toutes choses, &
décider dogmatiquement de tout,
il y en a aussi à prétendre qu'on
ne peut rendre de raisons naturelles des effets, dont les causes
ne sont pas sensibles & ne sautent
pas aux yeux de tout le monde.
Plus de la moitié de la nature est
cachée à nos sens : ceux - cy ne
nous découvrent presque que ses

premiéres ébauches ; & fi l'efprit n'alloit pas plus loin, il faudroit crier au miracle, pour rendre raifon pourquoy d'une mefme matiére il fe forme tantoft des pierres, tantoft des métaux & tantoft des plantes ; & beaucoup plus encore pour expliquer comment les mefmes fucs qui paffent par la tige d'une tulipe peuvent peindre fes feuïlles de toutes les différentes couleurs & les diverfes figures qu'on y remarque.

C'eft donc à l'efprit à aller au-delà de la portée des fens & à trouver dans les idées claires de mouvement, de grandeur, de fituation & de figure, dont la matiére eft vifiblement capable, dequoy expliquer ce qui paroift de plus furprenant dans ces effets.

Suivant ces idées on ne doit pas craindre de ne rencontrer pas bien : on aura toûjours affez fait fi on ne s'eft fervi que de leur fecours ; & tout ce qu'on peut

raifonnablement éxiger d'un Phi-
lofophe, eſt que, fans fe départir
de ſes claires notions, & fans
rien fuppofer que ce que tout le
monde ſçait eſtre dans la nature,
il forme quelque hypothefe, felon
laquelle il faſſe voir que les effets dont il eſt queſtion auroient
pû naturellement arriver.

Je penſe en avoir trouvé quelques-unes de cette nature tou-
chant les effets du tonnerre de
Saint Médard. Comme je ne les
propoſe pas comme les uniques
qui fe puiſſent former fur cette matiére; auſſi je n'éxamine pas fort
ſi elles feront bien ou mal re-
çûës : la choſe ne mérite pas
tant de ménagement. Il me ſuffit
de fatisfaire à ceux qui me les
demandent, & d'avertir que je
ne donne ces penſées que comme
de ſimples conjectures, & non
pas comme des déciſions inconteſtables.

Je propoſeray donc d'abord tout

ſimplement les effets de ce tonnerre, qui ont paru les plus conſidérables, & j'y joindray enſuite
mes conjectures.

DESCRIPTION
des effets.

Je ne m'arreſteray pas à décrire les diſpoſitions qui précédérent
la chûte de la foudre, non plus
que les divers tours qu'elle fit
dans la maiſon: outre que ce re-
cit auroit quelque choſe d'en-
nuieux, il ne pourroit eſtre bien
entendu ſans connoiſtre la diſpo-
ſition des baſtimens; & comme
je ne prétends pas faire une hiſ-
toire, mais ſeulement donner quelques mémoires de ce qui a paru
de plus remarquable, je me con-
tenteray de dire que des perſonnes
fort âgées témoignent n'avoir jamais rien entendu de plus terrible que les éclats de ce tonnerre,
& j'ajoûteray que les tours que
la foudre a faits dans le Monaſ-

tére, ont paru extrémement bizarres. Aprés cela je viens au détail des effets.

1. La fléche du clocher a efté
abfolument dépouïllée de toutes
fes ardoifes, fans que les lattes qui
les fouftenoient ayent efté maltraitées, excepté l'endroit par lequel
la foudre eft entrée dans le clocher,
où elle a brifé quelques piéces de
chevrons, & quelques lattes.

2. Les piéces de ces chevrons
font brifées d'une maniére affez
particuliére. Il s'en trouve quelques-unes de la hauteur de trois
pieds, divifées prefque de haut en
bas en forme de lattes affez min-
ces : d'autres de la mefme hauteur
font divifées en forme de longues
alumettes ; & l'on en trouve enfin quelques autres divifées en des
filets fi déliez, fuivant l'ordre des
fibres, qu'elles ne repréfentent
pas mal un balai ufé ; & tout cela fans que le bois ait en aucune façon changé de couleur, ou

qu'on y puisse remarquer aucuns
vestiges de feu. On remarque seulement sur l'une de ces piéces un
endroit de la longueur d'un demi-
pied, où le bois se trouve extraordinairement foulé & froissé.

3. Une partie considérable de
la Tour, & du Dôme qui soûtiennent la fléche, a esté abbatuë, &
la foudre a pénétré de haut en bas
dans la maçonnerie la longueur de
plus de vingt pieds.

4. Trois fils de laton qui d'une
part estoient attachez à des tim-
bres qui estoient sur le haut de la
tour, & de l'autre se rendoient
à l'horloge qui estoit en bas, ont
esté absolument consumez, sans
qu'on en ait pû rien découvrir :
la mesme chose est arrivée par
tout où il s'est rencontré de ce
fil ; & comme il y en avoit en divers lieux de la maison, il semble que ce métail ait déterminé
la foudre à les visiter.

5. Deux planches hautes de prés

de quatre pieds ont esté détachées d'un cadran qui est au bout du dortoir en dedans, & portées pres- que à l'autre extrémité, justement à vingt toises de là.

6. Enfin l'effet qui paroist le plus surprenant, & qui a excité la curiosité d'une infinité de per- sonnes, c'est une espéce de frise de toutes sortes de couleurs, mar- quée le long de la muraille des chambres du dortoir précisément au dessus des portes. La largeur de cette frise est de prés de deux pieds; sa longueur est presque égale à celle du dortoir; les figures qu'el- le représente sont des flammes qui s'élancent également en bas & en haut, & se terminant de part & d'autre en piramides, sont atta- chées par la base à une espéce de cordon qui régne le long de la frise justement dans le milieu.

J'ay fait imiter un morceau de cette frise, afin d'en donner une idée plus distincte; mais il faut avoüer qu'il est bien difficile que l'art puisse arriver jusqu'à imiter parfaitement les variétez qui se trouvent dans cette peinture : il y a des nuances inimitables. Bien des gens prétendent voir au milieu de ces couleurs, & de ces flammes, des visages d'hommes, des marmousets, & mesme des démons ; mais ceux qui n'ont pas l'imagination si forte n'y voyent rien de tout cela.

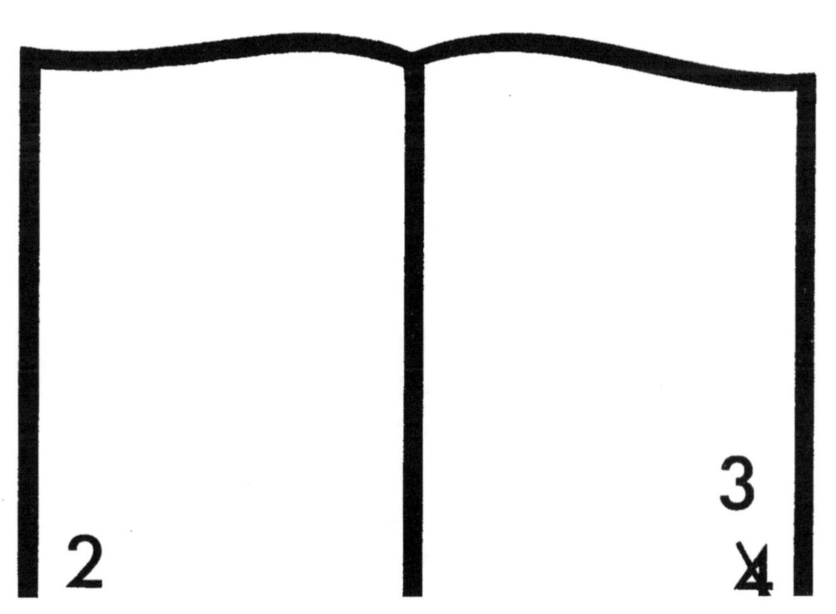

2
3
4

On remarque encore dans le mefme dortoir une autre particularité en fait de couleurs. En un endroit affez éloigné de la muraille fur laquelle eft la frife dont je viens de parler, il y a un petit ouvrage de menuiferie dont les moulures font relevées de quelques filets d'or mat. Cét or a donc efté noirci, & comme grillé par la flamme du tonnerre; & l'on voit de part & d'autre de ces filets des traifnées de gris de lin larges de trois pouces, appliquées affez inégalement, & fans aucune figure qui foit remarquable.

Aprés cela, je ne fçay fi je ne paroiftray point témeraire de vouloir propofer mes conjectures fur des effets que tant de gens fe font une religion de rapporter à des caufes furnaturelles; mais comme j'ay eû plus que perfonne occafion d'en obferver les circonftances, peut - eftre me pardonnera-t-on cette tentative; fur tout, fi l'on fe fouvient que je n'ay deffein en cela, que de donner lieu aux habiles de pouffer les chofes plus loin.

CONJECTURES
fur ces effets.

Je fuppofe icy ce qui paffe préfentement pour inconteftable chez tout ce qu'il y a de gens un peu philofophes : fçavoir, que tout ce qu'il y a de confidérable dans le tonnerre, ne dépend que d'une exhalaifon enflammée & renfermée entre deux nuës, laquelle, 1° fecoüant violemment les murailles de fa prifon, produit le bruit ; 2° entr'ouvrant les nuës, produit l'éclair ; 3° s'échapant avec effort par cette ouverture, & s'élançant contre terre, prend le nom de foudre, & produit tous ces effets qui font l'admiration de ceux dont la Philofophie ne paffe pas les fens.

Mais quand on voudroit contefter cette fuppofition, j'efpere

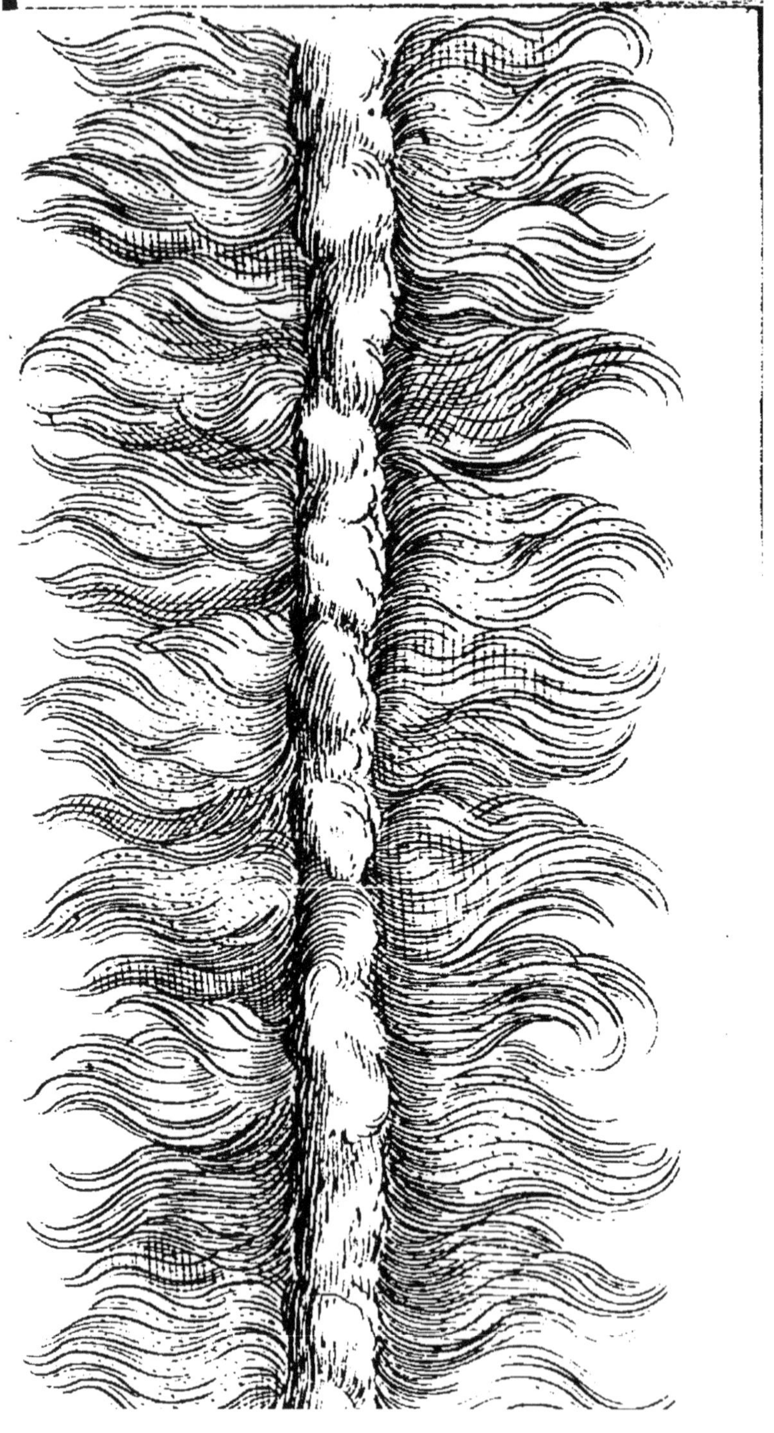

qu'il ne fera plus libre d'en douter, dés qu'on aura leû cét écrit, puis que ce n'eft que par cette hypothefe que je prétens rendre raifon des plus bizarres & des plus extraordinaires effets du tonnerre, & qu'il n'y a point de plus illuftre ni de plus inconteftable preuve de la vérité d'une fuppofition, que celle d'expliquer , fans en fortir, tous les effets du fujet pour lequel on l'a formée. Car puis que la nature d'une chofe eft la fource & le principe de toutes fes propriétez , il n'y a pas lieu de douter qu'on n'ait découvert cette nature , lors que l'idée qu'on s'en forme fuffit pour rendre raifon de fes propriétez , de fes effets , & enfin de tout ce qu'on remarque dans cette chofe.

1. Cela fuppofé, je me fens affez porté à croire que l'agitation de l'air , caufée par le fon des cloches dont on fe fervoit alors comme d'un reméde , aura déterminé

les nuës à s'entr'ouvrir juſtemenɖ ſur le clocher.

2. L'exhalaiſon enflammée s'é-chapant en abondance par cette ouverture, & tombant ſur la fléche & ſur le dôme du clocher, aura pû ſe diviſer en pluſieurs pelotons, & ſe diſtribuer ainſi dans les divers lieux de la maiſon, où l'on remarque de ſes veſtiges.

3. L'effort dont l'exhalaiſon s'eſt lancée ſur deux des princi-paux chevrons de la fléche, joint à une furieuſe agitation de l'air, ayant étrangement ébranlé la charpente, a dû briſer les ardoi-ſes & non pas les lattes: parce que celles-cy eſtant ployables & capables de reſſort ont pû aprés avoir quelque peu cédé à l'effort ſe redreſſer ſans ſe rompre; au lieu que les ardoiſes eſtans tres-fragiles & tres-infléxibles, n'ont pû céder ſans ſe briſer. Il en eſt en cecy à peu prés de meſme comme des vitres & du plomb

qui les enchaſſe; car l'expérience fait voir que l'ébranlement de l'air cauſé par un coup de canon eſt capable de caſſer les vitres ſans rompre le plomb. Nous avons eû céans pluſieurs éxemples de cela dans l'occaſion dont je parle: car l'agitation de l'air eſtoit ſi grande que les murailles des édifices en eſtoient ébranlées, & que non-ſeulement des vitres ont eſté caſſées, mais encore que quelques pierres ont eſté détachées des murailles, qui ne paroiſſent pas avoir eſté frapées de la foudre.

4. De l'effort dont l'exhalaiſon s'eſt élancée ſur quelques-uns des chevrons, il eſt aiſé de juger que les endroits où elle s'eſt immédiatement appliquée en auront dû eſtre foulez & froiſſez, & les autres parties extraordinairement ébranlées. Mais pour entendre comment cét effort & cét ébranlement auront dû diviſer les par-

ties de ces chevrons en forme d'alumettes, ou de filets encore plus déliez, il eſt bon de remarquer deux choſes.

La premiére eſt, que les pores du corps ligneux des plantes, & particuliérement du cheſne ne s'étendent gueres qu'en long & qu'ils ſe traverſent rarement les uns les autres ; & ainſi les fibres d'un morceau de cheſne ne ſe confondant point & demeurant diſtinẋs d'un bout à l'autre, on doit concevoir ce morceau comme percé d'un tres-grand nombre do petits tuyaux qui paſſent d'une extrémité à l'autre entre les fibres.

La ſeconde choſe à remarquer eſt, qu'un corps ébranlé aſſez rudement pour eſtre rompu, ſe diviſe d'ordinaire ſelon l'ordre de ſes pores. Qu'on frape un peu rudement d'un ais de ſapin ou d'un baſton un peu ſec ſur un corps dur : ils ne manqueront pas de ſe diviſer ſelon la largeur en

plusieurs parties, parce qu'elles
ont en ce sens moins de liaison.

De ces deux observations, il
est aisé de reconnoistre qu'il n'est
rien de plus naturel que la division des piéces des chevrons en
des parties extrémement déliées,
toute bizarre qu'elle paroisse. Ces
piéces ont dû par l'ébranlement
qu'elles ont souffert, se diviser
dans le sens que leurs parties a-
voient moins de liaison, & par
conséquent d'un bout à l'autre,
selon l'ordre des fibres; & cette
division aura dû se faire en des
filets d'autant plus déliez, que
l'ébranlement aura esté plus violent & plus universel. On verroit
arriver quelque chose d'approchant, si d'un baston l'on frapoit
assez fort sur une botte d'alumettes; car elles ne manqueroient
pas de se séparer les unes des autres, sans peut-estre qu'il s'en
trouvast une rompuë sur la longueur.

N iiij

5. A l'égard de l'éboulement d'une partie de la Tour du clocher, je ne crois pas que, pour l'expliquer, il soit besoin de faire descendre des carreaux du ciel : une exhalaison enflammée est plus que suffisante pour cét effet. Mais on aura moins de peine à s'en convaincre, si l'on prend garde que la muraille a esté frapée de haut en bas; car l'exhalaison la trouvant en son chemin, & tendant par une loy de nature à continuër son mouvement en ligne droite par les endroits où elle trouvoit moins de résistance, elle a dû, comme effectivement elle a fait, se glisser dans la muraille par le milieu de la maçonnerie; parce que cét endroit n'estant rempli que de blocailles, qui ont moins de liaison que les pierres de taille qui sont sur les dehors, elle a trouvé par-là moins de résistance : mais néanmoins pour peu qu'elle y en ait trouvé,

il est aisé de penser qu'elle aura dû produire à peu prés le mesme effet que la flamme de la poudre à canon dans les mines, c'est-à-dire, qu'elle aura dû renverser les deux paremens de la muraille jusqu'à une certaine hauteur; & y continuant ensuite sa route avec moins de force, se contenter de les ébranler & écarter un peu l'un de l'autre; & c'est-là justement tout ce qui est arrivé.

6. Comme le cuivre est un des métaux les plus aisez à dissoudre, il n'y a ce me semble pas lieu de s'étonner qu'une exhalaison enflammée, & une flamme nourrie de nitre & de soufre, telle qu'a esté celle dont nous rapportons les effets, ait esté capable de consumer le fil de laton par tout où elle l'a rencontré; & il est si naturel à la flamme de suivre la matiére à laquelle elle s'est une fois attachée, que je ne vois pas que les divers tours que la flam-

me de noſtre tonnerre a faits en
ſuivant ce fil, ſoient plus myſté-
rieux que ceux que feroit une
flamme ordinaire qu'on auroit appliquée au bout d'une longue traî-
née de paille, qui s'étenderoit
ſuivant diverſes lignes courbes.
Au reſte quand on voudroit rapporter cét effet à quelque particuliére ſympathie entre la flamme du tonnerre, & le fil de laton, on trouveroit aſſez d'alian-
ces conſidérables entre la matiére
de l'un & de l'autre pour en rendre raiſon, & pour expliquer meſme comment cette flamme a é-
pargné le fer de l'horloge, les
clous qui portoient le fil de laton
le long des murailles, & les piéces de bois ſur leſquelles ces clous
eſtoient attachez. L'odeur nous a
aſſez marqué que la matiére de
l'exhalaiſon de noſtre tonnerre eſtoit ſoufrée, & le cuivre mis au
feu jette une flamme qui par ſa
couleur marque ſuffiſamment que

sa matiére tient beaucoup du soufre. De plus, comme les exhalaisons enlevent souvent avec soy
plusieurs parties des métaux, il se
pourroit bien faire que les parties
métalliques de celle dont nous
parlons estoient des parties de cuivre; & ainsi cette exhalaison, enflammée qu'elle estoit, n'aura pas
eû de peine à ébranler les parties
de laton, & à se mesler avec elles;
ce qu'elle n'aura pas pû faire sur
les autres sujets, faute des mesmes rapports; car c'est une régle
que la nature observe éxactement,
que les choses semblables conviennent aisément dans les mesmes mouvemens.

7. Le fracas du cadran du dortoir n'aura rien que d'aisé à comprendre, quand on sçaura que la
flamme du tonnerre a passé de
l'horloge au travers d'une muraille
épaisse de huit pieds par un trou
qui conduit une verge de fer à
l'aiguille du cadran. Car comme

c'eſt encore une loy de la nature, qu'une matiére en mouvement redouble ſa vîteſſe à proportion que ſon chemin devient plus é- troit, & que les corps entre leſ- quels elle paſſe luy font plus de réſiſtance, le tuyau dont la mu- raille eſt percée, n'ayant gueres que huit lignes de diamétre, & eſtant d'ailleurs occupé par une verge de fer qui en tient bien ſix, il eſt aiſé de penſer que la flamme aura dû aquerir dans ce détroit aſſez de rapidité, non- ſeulement pour forcer les plan- ches du cadran, qui s'oppoſoient à ſa ſortie, mais encore pour les chaſſer à une auſſi grande diſtan- ce que celle que nous avons mar- quée. Si elle avoit trouvé dans ſon paſſage un corps plus diſpoſé au mouvement que ne ſont des planches, elle l'auroit infailli- blement porté incomparablement plus loin.

8. Enfin pour la friſe peinte le long

long des chambres du dortoir, il me paroift évident que le fil de laton a fourny la meilleure partie des couleurs, & que la flamme du tonnerre en a fait l'applica-tion, & tracé les figures. Le cui-vre eft celuy des metaux qui ef-tant diffous fait paroiftre plus de couleurs differentes, & en moins de temps. Il teint fes diffolvans les uns en bleu, les autres en verd & quelques autres dans une cou-leur qui tient de l'un & de l'au-tre ; de forte que fi l'on joint à cela que le cuivre eft naturelle-ment jaune & foufré, & que le fond fur lequel les couleurs ont efté appliquées eftoit blanc : on n'aura pas de peine à fe figurer que le fil de laton diverfement ap-pliqué fur ce fond par la flamme du tonnerre, ait fourny ces cou-leurs.

On pourra s'en convaincre en-core davantage, fi l'on fait réfle-xion, qu'avec le jaune & le bleu;

la lumiere & l'ombre, on peut faire paroiſtre toutes ſortes de couleurs ; & qu'effectivement le jaune & le bleu ſont les couleurs les plus univerſelles & les plus perſévérantes dans la peinture, dont nous parlons : toutes les autres s'enlevent péu à peu par l'action de l'air & de la lumiere, & celles-cy demeurent comme le fond.

Mais quand on ne voudroit avoir égard ni à la diverſité des couleurs dont le cuivre eſt ſi viſiblement capable, ni aux effets qui reſultent de leur melange, ſi les couleurs en general ne dépendent que de la diverſité des réfléxions ou des réfractions de la lumiere, & ſi celles-cy ne naiſſent que de la diverſité de la ſuperficie des corps : y a-t'il lieu de s'étonner que le fil de laton diſſous & appliqué par la flamme du tonnerre ait pû faire paroiſtre des couleurs ſi differentes ? La moin-

ître inegalité, ou dans le mouvement, ou dans l'ardeur de cette
flamme, en aura dû cauſer de tres-
grandes dans la diſſolution &
dans l'application de la matiere
de ce fil ; & elle aura dû par con-
ſequent en former des ſuperficies
tres-differentes, & faire paroiſtre
ainſi une grande varieté de couleurs.

Enfin, ce qui me ſemble rendre
cette conjecture indubitable : c'eſt
que par tout où la flamme du tonnerre a trouvé du fil de laton prés
d'une muraille, elle l'a teinte des
meſmes couleurs ; & qu'aux endroits où ce fil eſtoit interrompu
d'une corde de chanvre, la couleur eſt interrompuë, & qu'elle
recommence où ce fil recommen-
çoit. Une ſeule choſe empeſche
bien des gens de ſe rendre à ces
raiſons : c'eſt qu'ils ne peuvent
croire qu'un fil auſſi delié qu'eſtoit celuy dont nous parlons, ait
pû fournir la matiere d'une pein-

ture large de deux pieds, le long de la muraille fur laquelle il eſ- toit tendu.

Mais quiconque penſera com-bien le cuivre eſt maſſif & con-denſé, & juſques où une matiére médiocrement maſſive peut eſtre diviſée, meſme par l'action des agens naturels, & particuliére-ment par celle de la flamme, & d'une flamme nitrée, & ſoufrée; n'aura plus de difficulté ſur ce ſu-jet. Aprés tout, je ne voudrois pas nier abſolument que la matiere dont la flamme du tonnerre eſ-toit compoſée, n'ait contribué à ces couleurs : il eſt du moins bien certain qu'elle a ſervi de diſſol-vant.

Il ne reſte plus qu'à rendre raiſon des figures que cette peinture re-preſente; ſçavoir de ces flammes qui s'élancent de part & d'autre, comme d'un centre commun, & qui ſe terminent en pyramides, également en haut & en bas.

Plufieurs perfonnes ont donné d'abord dans cette penfée, que la flamme du tonnerre avoit eû, outre fon mouvement orizontal, fuivant la ligne du fil de laton, un mouvement inégal, ferpentant & chancelant, par lequel eftant portée tantoft en haut & tantoft en bas, elle avoit par ces diverfes allées & venuës, produit l'effet dont il eft queftion.

Mais ce qui m'éloigne de ce fentiment, c'eft que, fuivant cette explication, il auroit fallu un temps confiderable pour produire cét effet ; & néanmoins il eft feur qu'elle l'a produit en un clin d'œil. La raifon que j'en ay, eft que le fil de laton eftoit tendu le long de la muraille par des clous diftans les uns des autres, de quinze à feize pieds : or pour peu de temps que la flamme euft employé pour faire ces allées & venuës en haut & en bas, le fil eftant confumé à l'endroit où il eftoit foûtenu par

un clou ; auroit necessairement
dû tomber par son propre poids ,
ou du moins pléier ou décliner
un peu de la ligne selon laquelle
il estoit tendu ; & cependant on
ne remarque pas, à en juger par
la trace qui en reste, qu'il se soit
tant soit peu éloigné de cette ligne.

Voicy donc deux explications
qui me paroissent plus vraysem-
blables.

La premiere est que la flamme
du tonnerre estant composée d'esprits de nitre & de soufre , leur
combat ordinaire devenu encore
plus violent par la résistance des
parties du cuivre, & par la rencontre des esprits de soufre qu'il
contenoit, aura dû forcer plusieurs des parties de cette flamme,
à s'élancer de toutes parts , pendant que par un mouvement commun elles suivoient toutes ensemble la ligne sur laquelle le fil de
laton estoit tendu. Ces parties

de flammes s'échapant ainſi indifféremment de tous coſtez, pluſieurs ont dû gliſſer le long de la
muraille, de part & d'autre du
fil de laton qui eſtoit le centre de
leur mouvement; & continuant
celuy-cy autant qu'il a eſté poſſible, elles ont dû porter ſur toute
leur route les parties du cuivre
qui eſtoit diſſous. Mais comme
l'air voiſin faiſoit obſtacle à leur
mouvement, les parties les plus
péſantes, & dont les figures eſtoient plus embaraſſantes, auront
dû reſter ſur la muraille : avec cette circonſtance, que celles qui
occupoient le milieu de l'une de
ces petites flammes, ayant eû
plus de force pour réſiſter à l'effort de l'air, que celles qui eſtoient ſur les coſtez, celles-cy auront dû ou ſe diſſiper, ou ſe fixer
ſur la muraille avant celles-là; &
ainſi plus ces flammes ſe feront
élancées avec force, & plus elles
auront dû devenir pointuës, ſur

O iiij

la fin de leur route : & par confequent, les veftiges qu'elles auront
laiſſées auront dû garder les mefmes figures.

La feconde maniere d'expliquer cét effet, fe doit prendre de
la difpofition, & de l'arrangement
des parties du fil de laton. C'eſt
une chofe connuë que les métaux
qui ont efté allongez en verge fur
l'enclume, ou en fil par la filiere,
font fort continus & fort liez felon leur longueur, mais beaucoup
moins felon la largeur , par laquelle ils fe divifent aſſez aifément. Il pourroit donc bien eſtre
que la flamme du tonnerre s'infi-
nuant dans le fil de laton par les
endroits où fes parties avoient
moins de liaifon , & continuant
fon chemin avec rapidité le long
de ces efpéces de canaux qu'elles
laiſſent entr'elles, elle forçoit &
brifoit les murailles de fes prifons
à mefure qu'elle y avançoit. Mais
comme les parties du cuivre qu'el-

le diſſolvoit eſtoient trop maſſives pour pouvoir ſuivre la rapidité de ſon mouvement, elles ont dû, comme matiere étrangere, eſtre repouſſées & chaſſées de part & d'autre, en haut & en bas, & en tout ſens, pendant que la flamme du tonnerre paſſoit par le milieu : à peu prés comme l'eau d'un fleuve eſt contrainte de ſe diviſer en deux, & de s'échaper à droite & à gauche, pour laiſſer paſſer un bateau qui monte avec force vers ſa ſource.

Mais ce qui appuye davantage cette conjecture, ce ſont certains veſtiges qui reſtent encore, & qui apparemment reſteront toûjours dans les endroits meſmes dont toutes les autres couleurs ont déja eſté enlevées. Ces veſtiges ſont noirs, ou du moins extrémement bruns, & ſe trouvent juſtement ſur la ligne, ſur laquelle le fil de laton eſtoit tendu : mais leur figure marque, ce me ſemble, aſſez

claitement, que les parties de cuivre qui se dissolvoient, prenoient
les routes & la détermination du
mouvement que je viens de marquer. Il sera plus aisé d'en juger par
la veûë de cette figure : c'est un
échantillon de celle dont je parle ;
& elle n'en differe que par la largeur, celles qui se trouvent sur la
muraille estant de deux pouces de
large.

Pag. 164.

Mais je m'apperçois que je me
suis trop étendu sur des choses
que je pensois ne toucher que lé-
gérement. Ainsi je me dispenseray
de parler de cette autre peinture
de gris de lin qu'on remarque encore sur un quadre dans nostre
dortoir ; aussi bien ne l'explique-

fois-je pas d'une autre maniere
que j'ay fait celle qui paroiſt plus
conſiderable.

Toutefois je ne puis omettre
une autre particularité qui eſt encore un ſujet d'admiration pour
bien des gens : c'eſt que la corde
de chanvre dont j'ay dit auparavant que le fil de laton eſtoit interrompu & allongé, eſt demeurée
dans ſon entier, quoy-que la flamme du tonnerre ait tres certaine-
ment paſſé par deſſus. Cette pré-
férence de la corde de chanvre
au fil de laton eſt conſiderable.
Mais outre qu'on en pourra trouver quelques raiſons dans ce qui
a eſté dit dans le ſixiéme nombre,
on peut encore ajoûter que cette
difference vient de la diverſité de
l'arrangement des parties de ces
deux ſujets. Le chanvre eſt un
corps tres mol; ſes parties ſont
peu ſerrées & extraordinairement
fléxibles : le cuivre eſt beaucoup
plus dur; ſes parties bien plus ſer-

rées, & bien moins flexibles : & ç'en est assez pour déterminer toutes les personnes raisonnables à juger que la matiere de la flamme de nostre tonnerre estant subtile & pénétrante, aura trouvé des passages assez ouverts dans le chanvre pour le traverser, sans peut-estre causer le moindre ébranlement à ses parties ; au lieu qu'elle n'aura pû s'insinuër dans les pores du cuivre, sans forcer ses parties & sans les dissoudre.

Enfin, il ne faut pas oublier à dire que le tonnerre tomba sur ce mesme Monastere il y a dix ans ; qu'il y suivit les mesmes routes ; & qu'excepté la peinture du dortoir, il produisit les mesmes effets qu'on y remarque aujourd'huy. Je suis témoin des uns & des autres. Nostre situation paroist assez exposée à ces accidens. Nous sommes dans le centre d'une petite plaine qui est environnée de montagnes ; & lors que

des

des nuës un peu chargées fe font
une fois engagées dans cette efpece de cave, il eft malaifé qu'elles puiffent s'en dégager ; & fi
avec cela, plufieurs vents contraires s'élevent en mefme temps ,
comme il eft ordinaire dans les
orages, c'eft une neceffité que les
nuës foient chaffées vers le centre, c'eft à dire audeffus de noftre Monaftere ; & alors la hauteur
des baftîmens, ou l'ébranlement
de l'air caufé par le fon des cloches, peut les déterminer à crever
par deffous. Mais comme ce que
je dis icy de l'effet du fon des
cloches, & ce que j'en ay dit dés
le commencement de ce Traité,
pourroit bien ne pas entrer dans
le fens de tout le monde, il eft
befoin de l'expliquer un peu davantage.

Il faut donc remarquer que
quoy que le fon des cloches &
mefme le bruit du canon foit fou-
verain contre le tonnerre, lors que

P

les nuës font quelque peu éloignées des lieux où on l'excite, il
en eft tout le contraire lors qu'elles répondent immédiatement fur
ces lieux. La raifon de cecy eft
que lors que les nuës qui portent
la foudre font éloignées, l'agitation de l'air caufée par le fon,
eft capable de les écarter, ou du
moins de s'oppofer à leur approche : mais lors qu'elles répondent
juftement fur les lieux où l'on
fonne, l'air ébranlé par le fon
venant à les frapper par deffous,
les affoiblit néceffairement & les
détermine ainfi à s'ouvrir par le
bas, & à laiffer échapper la foudre.

 Au refte, cecy ne regarde que
l'ordre naturel, & le train ordinaire des chofes. Car je fçay bien
qu'il y a un ordre plus relevé felon lequel Dieu pourroit avoir
attaché au fon des cloches l'éloi-
gnement & la préfervation de la
foudre , en quelque difpofition

que les nuës puſſent ſe trouver.
Les Philoſophes expliquent la Nature : mais aprés tout, Dieu eſt
Maiſtre de la Nature. C'eſt ce que
je reconnois, & où je me tiens
invariablement, & pour cecy &
pour toutes choſes.

CONJECTURES

SUR LES MERVEILLEUX EFFETS

DU TONNERRE

TOMBE' A LAGNI

sur l'Eglise de Saint Sauveur
le 18. Juillet 1689.

DESSEIN.

LOR s que j'écrivis fur le Tonnerre de Soiſſons, je crus qu'il
eſtoit malaiſé de trouver rien de
plus extraordinaire en ce genre :
voicy cependant de nouvelles ſin-
gularitez de la façon du tonnerre de Lagni, par leſquelles il
paroiſt avoir beaucoup encheri
ſur celuy de Soiſſons. Dans celuy-
là il avoit fait le perſonnage de
peintre : il vient dans celuy-cy
de faire celuy d'imprimeur, &

d'imprimeur qui fçait la langue Latine.

La nouveauté de cét évenement a fait penfer que fi l'on en pouvoit trouver une explication naturelle, il feroit bon de la joindre à celle du premier, & de les faire paroiftre en mefme temps, afin d'achever par là d'arracher des cœurs & des efprits ce qui pourroit y refter de fuperftition fur ces matiéres.

Cela m'a engagé à rappeller des idées depuis long-temps fort negligées. Peut-eftre néanmoins que l'affemblage que j'en ay fait pour l'explication de cét événement, pourra fervir à faire voir que s'il en eft peu de plus capables que celuy-cy, d'infpirer des fentimens fuperftitieux; il en eft peu auffi dont une explication un peu naturelle foit plus propre à bannir une bonne fois des efprits cette importune maladie. Pour amener les gens à ce double point de veûë, il ne faut, ce me femble, 1° que faire la defcription de ces nouveaux effets fuivant les relations & les conjectures populaires; & puis 2°, propofer mes conjectures fur ces effets, fuivant les obfervations plus exactes que j'ay faites moy-mefme.

SECTION I.

Defcription des effets fuivant les relations & les conjectures populaires.

SI la diverfité & la bizarrerie des mouvemens & des penfées que le peuple a eûs fur les effets du tonnerre de Lagni, pouvoient recevoir quelque excufe, on la trouveroit affeûrément dans l'extraordinaire & le merveilleux de cét évenement. Car en effet, que peuvent naturellement penfer des efprits accouftumez à chercher myſtére dans les choſes le plus évidemment naturelles ? des hommes dont toute la Philoſophie ne paſſe pas les ſens ? lors qu'ils apprennent,

1º Que le tonnerre s'eſt precipité, non ſeulement ſur le clocher d'une égliſe, qu'il a dépouïllé de ſes ardoiſes ; non ſeulement ſur prés de cinquante perſonnes qui prioient Dieu dans cette égliſe, ou qui ſonnoient les cloches, & leſquelles perſonnes ont toutes eſté violemment renverſées par terre, mais auſſi ſur le grand autel où il a fait bien du deſordre.

2º Qu'il a renverſé & briſé le piédeſtal ſur lequel la figure du Sauveur eſtoit élevée au haut du retable d'autel ; ce qui toutefois n'a pas empeſché que cette figure ne ſoit demeurée miraculeuſement ſuſpenduë dans la meſme place, car c'eſt ainſi qu'on le raconte.

3º Qu'il a enlevé le rideau dont le tableau de l'autel eſtoit couvert; & qu'en un inſtant, il l'a retiré de la verge de fer qui le ſoûtenoit, & jetté par terre ſans avoir ni rompu, ni fondu aucun de ſes anneaux qui n'eſtoient que de cuivre, & ſans avoir déplacé la verge de deſſus les pitons qui la pottoient.

4º Qu'il a renverſé l'huile de la lampe qui brûloit devant le grand autel.

5º Qu'il a briſé en deux piéces la pierre ſur laquelle on conſacre.

6º Qu'il a dechiré en quatre éces le carton ſur lequel le Ca-on de la Meſſe eſtoit imprimé.

7º Qu'il a dechiré la nappe de l'autel, & le tapis qui la cou-vroit, l'un & l'autre d'une maniere fort ſinguliere; c'eſt-à-dire en for-me de croix de Saint Anthoine.

8º Qu'on a veû le grand au-tel tout en feu.

9º Qu'il a brûlé une partie des nappes & du tabernacle, sur lequel il a formé plusieurs ondes noires.

10º Qu'enfin il a imprimé en un inftant, fur la nappe de l'autel, les facrées paroles de la confécration, à commencer depuis celles-cy, *Qui pridie quàm pateretur, &c.* jufques à ces autres inclufivement, *Hac quotiefcumque feceritis, in mei memoriam facietis*; n'ayant omis que celles qu'on a accoûtumé d'imprimer avec quelque diftinction, fçavoir *Hoc eft corpus meum; & Hic eft fanguis meus, &c.* Voicy la difpofition éxacte de cét écrit, de la maniére qu'il eft fur la nappe.

Qui pridie quàm pateretur, accepit panem in fanctas ac venerabiles manus fuas : & elevatis oculis in cœlum, ad te Deum Patrem

suum omnipotentem, tibi
gratias agens, benedixit,
fregit, deditque Discipulis
suis, dicens, Accipite, &
manducate ex hoc omnes.
*

Simili modo postquàm
cœnatum est, accipiens &
hunc præclarum calicem in
sanctas ac venerabiles manus suas: item tibi gratias
agens, benedixit, deditque
discipulis suis, dicens, accipite & bibite ex eo omnes.
*

Hæc quotiescumque fe-
ceritis, in mei memoriam
facietis.

Que peuvent, dis-je, se figurer des esprits peu Philosophes
sur une relation aussi cruë & aussi
surprenante que celle-là ? que
penser de ce choix, de ce discernement, de cette mystérieuse
préference de quelques paroles
aux autres ? quelles seront les privilegiées, ou de celles qui sont
écrites, ou de celles qui sont
omises ? que s'imaginer de cette
prodigieuse suspension de la figure du Sauveur ? que soupçon-
ner de cette bizarre impression de
croix ? comment se défendre sur
tout cela de mille funestes ombrages, de mille terreurs paniques, de mille cruelles inquiétu-
des ?

Je ne sçay si autrefois le mal-
heureux Baltazar inopinément
frappé du terrible spectacle d'une
main inconnuë, qui sur les murailles de sa sale écrivoit en chif-
fres son arrest de mort, fut agité de plus de differentes pensées

& de divers mouvemens, que ne l'ont esté la plufpart des fpectateurs, & mefme des auditeurs des effets du tonnerre de Lagni. Car enfin, l'on ne doute pas que ce ne foient de vrais prodiges beaucoup au deffus de toutes les forces de la nature corporelle : l'on n'hefite pas à regarder les efprits comme les feuls opérateurs de ces merveilles ; on n'eft en peine que de fçavoir fi ces efprits font du nombre des bons ou des mauvais. Les uns tiennent pour les bons : & ils en jugent ainfi par l'omiffion de ces paroles, *Hoc eft corpus meum*, & *Hic eft fanguis meus*, *&c.* qu'ils croient avoir efté faite par refpect pour le myftére.

Les autres ont recours aux malins efprits ; & fur cela l'on eft encore partagé. Il y en a qui veulent que ce foient des efprits malins d'une malice noire, pour avoir ainfi profané les chofes faintes

tes, & supprimé par mépris &
par quelque mauvais dessein, des
paroles si essentielles au mystère :
& les autres soûtiennent que ce
ne sont que des esprits folets, qui
ont fait plus de peur que de mal ;
& qui ont voulu se divertir, eux
& les autres, par cette varieté de
mouvemens & cette bizarrerie
d'effets.

Quelques - uns enfin veulent
qu'il entre dans cét événement,
de toutes ces sortes d'esprits ; &
que les bons se soient opposez à
tout le mal que les mauvais a-
voient dessein de faire.

Pour moy, l'on me pardonne-
ra bien si je n'entre dans aucun
de tous ces partis. Ce n'est pas
que je revoque en doute le pouvoir des bons & des mauvais anges. Il est vray que je suis per-
suadé qu'ils n'en ont nul ni sur
les ames, ni mesme sur les corps,
que celuy que Dieu a bien voulu
leur donner, en joignant à leurs

deſirs inefficaces ſes volontez toûjours efficaces. Mais cependant
il me paroiſt qu'il eſt de l'ordre,
qu'à raiſon de leur excellence,
Dieu leur ait donné pouvoir ſur
les corps, ſubſtances qui leur ſont
de beaucoup inferieures ; & quoi-
que les mauvais anges ſoient dé-
cheûs de ce droit par leur pe-
ché, l'Ecriture néanmoins nous
les repreſente toûjours, comme
ayant encore quelque uſage de
ce pouvoir pour l'exercice des
hommes.

Mon deſſein n'eſt donc pas de
rien diminuer de la puiſſance des
eſprits : mais il me paroiſt qu'on
y a recours trop facilement &
trop frequemment ; & j'ay peine
à ſouffrir que pour rendre raiſon
de quelques effets dont la cauſe
ne ſaute pas d'abord aux yeux,
on convoque tout ce qu'il y a de
vertus & de puiſſances celeſtes
ou infernales. Dieu a établi certaines loix générales de mouve-

ment pour la conſervation de ce
monde corporel : il les ſuit régu-
liérement, & ne s'en départ que
le moins qu'il eſt poſſible. Les
hommes devroient imiter ſa conduite, lors qu'ils veulent raiſon-
ner ſur ſes ouvrages. Ils ne devroient jamais perdre de veûë ces
ſages loix dans leurs réflexions
ſur les choſes Phyſiques, que lors
qu'ils voyent clairement que les
événemens de queſtion ne peuvent eſtre une ſuite de ces loix.

Mais c'eſt ce que j'eſpere qu'on
ne verra pas dans les effets du
tonnerre de Lagni, non plus que
dans ceux de celuy de Soiſſons :
puis que je m'attens au contraire de faire voir qu'ils n'en ſont
qu'une ſuite naturelle ; & qu'ils
ne renferment rien dont on ne
puiſſe rendre raiſon par le moyen
d'une exhalaiſon enflammée. Ten-
tons donc encore une fois cette
voye.

SECTION II.

Conjectures sur ces effets, suivant des observations plus exactes.

§. I.

Explication du premier effet.

I. LA chute du tonnerre sur le clocher & sur le grand autel, & le fracas des ardoises n'ont rien qui n'ait cy-devant esté suffisamment expliqué dans les effets du tonnerre de Soissons. Voyez les trois premiers articles.

Il faut seulement remarquer icy que le tonnerre de Lagni n'est pas tombé perpendiculairement sur l'autel : mais un peu obliquement, & suivant une ligne, laquelle avec la table de l'autel concouroit dans un angle de prés de soixante degrez. Car il est entré par la fenestre, qui est au des-

sus du retable d'autel, en enfon-
çant une pierre d'un de ses me-
neaux , & quelques carreaux de
vitre du costé de l'Evangile; &
de là passant sur un coin du pié-
destal qui portoit la figure du
Sauveur, & ensuite sur le rideau
qui couvroit le tableau, il s'est
lancé sur la pierre sur laquelle on
consacre. Ce que je remarque à
dessein, pour confirmer ce que
quelques physiciens ont avancé,
qu'ordinairement le tonnerre tombe de travers & suivant une ligne oblique, & que c'est une des
raisons qui fait que les corps les
plus élevez en sont plus frequemment frapez.

II. Le renversement par terre
du peuple qui estoit dans l'égli-
se, n'a nullement esté causé immediatement par la foudre : nul
d'entre eux ne s'en est trouvé
blessé; quoy-que dans le moment ils criassent tous qu'ils estoient morts. La seule violence

du bruit jointe à la vivacité de l'éclair pouvoit ainsi terrasser les gens.

Je dis, *jointe à l'éclair:* car les nuës estant fort basses lors que le tonnerre tombe, le son suit de prés l'éclair; de sorte que l'un & l'autre frapant en mesme temps violemment un homme, il n'en faut pas davantage pour déban-der, malgré luy, les ressorts qui tiennent le corps élevé, & l'o-bliger ainsi à ployer & tomber par terre. Ce n'est pas d'aujour-d'huy que de pareils mouvemens violens ont engagé ceux qui s'en sont trouvé surpris, non-seule-ment à ployer ou à baisser la teste malgré eux; mais mesme à esquiver & à fuir. Il en est peu qui entendant inopinément tirer auprés d'eux un coup de canon, puissent résister à la violente im-pression que ce bruit fait dans les muscles destinez au marcher, qui ne se sentent comme emportez malgré eux hors de là ; ou du moins qui ne faſſent quelque mouvement, ou de la teſte, oū de tout le corps, pour eſquiver.

Et veritablement on voit bien qu'il eſtoit de la ſageſſe de noſtre Createur, de mettre entre nos corps & les mouvemens violens de ceux qui nous environnent, un tel rapport, que ceux-là s'éloignaſſent naturellement de ceux-cy, lors que ceux-cy ſont en état de leur nuire. Si pour éviter un danger, il eſtoit toûjours néceſſaire d'attendre qu'on s'en fuſt apperceû, l'on ſe trouveroit ſouvent en eſtat d'en eſtre ſurpris, & & de ne le pouvoir plus éviter.

III. Mais outre cette cauſe du renverſement de ceux qui eſtoient dans l'égliſe, il y en a encore une qui n'eſt pas moins réelle, ſçavoir l'extrême agitation & compreſſion de l'air, cauſée par la violente irruption de la foudre. Car il eſt viſible que l'air

ainſi comprimé, appeſanti & meû
de haut en bas, aura deû forcer
les gens à ſuccomber & à ſe proſ-
terner contre terre.

§. I I.

Explication du deuxiéme effet.

I. **L**E renverſement & le bri-
ſement du piédeſtal ſur
lequel portoit la figure du Sauveur, n'ont rien ni de merveilleux, ni de difficile à expliquer.

Ils n'ont *rien de merveilleux ;*
puiſque ce piédeſtal s'eſt rencontré ſur le chemin de la foudre.

Rien de difficile ; puis que ſi une
exhalaiſon enflammée peut bien
renverſer des tours, & faire ſau-
ter des baſtions ; & ſi celle qui
tomba à Lagni, a pû enfoncer une
pierre, pour ſe faire un chemin ;
on peut bien penſer qu'ayant rencontré ſur ſa route un piédeſtal
de menuiſerie, elle n'aura pas eû
de peine à le renverſer.

I I. A l'égard de cette préten-
duë miraculeuse fuspenfion de la
figure du Sauveur, elle n'a efté
qu'apparente. Il eft vray qu'à ne
regarder cette figure que d'enbas, on ne s'appercevoit nullement qu'elle fuft foûtenuë; tout
paroiffoit porter en l'air ; mais
dés qu'on a monté au haut du
retable d'autel , on a trouvé
qu'elle eftoit attachée par derriére à une barre de fer ; & ainfi a
ceffé le miracle pour ceux qui
ont fait cette découverte.

Mais pour mille autres qui n'y
ont eû nulle part, & qui auroient
mefme efté fafchez d'eftre dé-
trompez à cét égard, ce fera é-
ternellement un miracle ; & comme tel il fera porté dans les pro-
vinces les plus reculées. Car de
toutes les œuvres de Dieu, il n'y
a que les miraculeufes qui foient
du gouft du peuple, & qui prou-
vent bien l'exiftence & la puiffance d'un premier Eftre. D'un

grain de bled pouri en faire naif-
tre cent autres, n'eft rien en com-
paraifon de fufpendre une figure
en l'air. Cette fufpenfion, felon
eux, prouve évidemment la di-
vinité; & fufpendre en l'air depuis tant de fiecles, Saturne, Ju-
piter, & tant d'autres corps plufieurs fois plus grands & plus pe-
fans que toute la terre; & regler
leurs mouvemens d'une maniére fi
conftante, fi uniforme, & fi proportionnée à nos befoins, ne prouve rien. A ne voir que cela, &
cent autres chofes pareilles, on
meurt athée, comme fi l'on ne
voyoit rien.

§. I I I.

Explication du troifiéme effet.

I. L E myftere du rideau ceffe-
ra encore de l'eftre, dés
qu'on fçaura qu'il n'eft pas vray
que la verge de fer qui foûtenoit
le rideau, n'ait point efté depla-

cée de deſſus les pitons ; & qu'il eſt vray au contraire qu'elle a eſté jettée par terre avec eux. Ce qu'il y a donc de ſurprenant, c'eſt que tout ayant eſté renverſé par terre, verge, pitons & rideau ; ce rideau néanmoins ſe ſoit trouvé parfaitement ſeparé de ſa verge, ſans qu'aucun de ſes anneaux, qui n'eſtoient que de cuivre, ait eſté ou rompu, ou fondu. Mais on reviendra facilement de cette ſurprise, ſi l'on fait réflexion que le mouvement de l'air, & celuy de l'exhalaiſon enflammée ont également concouru à cét effet. Car l'un & l'autre ſe mouvant du meſme coſté, c'eſt à dire vers le coſté de l'Epiſtre ; il eſt aiſé qu'ayant rencontré le rideau en leur chemin, ils l'ayent pouſſé devant eux avec aſſez de violence pour arracher les pitons qui ſoutenoient la verge. Mais comme celuy du coſté de l'Epiſtre, où aboutiſſoit tout l'effort, aura deû ceder le premier; le bout de la verge, qu'il portoit, venant à pancher, pendant que l'autre eſtoit encore un peu ſoûtenu, l'on comprendra ſans peine que tous les anneaux du rideau tiré d'une part par ſon propre poids, & pouſſé de l'autre par le mouvement de l'air & de l'exhalaiſon, auront pû ſe dégager de la verge en auſſi peu de temps qu'il en aura fallu à celle-cy, pour tomber du haut du retable d'autel.

II. L'on voit donc bien par là, de quelle maniére le tonnerre a pû défiler ces anneaux ſans les rompre. Ce qu'on ajoûte maintenant comme un ſujet d'étonnement, qu'il n'en ait fondu aucun; cela prouve ſeulement que ſa flamme n'eſtoit pas, à beaucoup prés, ſi vive ni ſi pénétrante que l'eſtoit celle du tonnerre de Soiſſons: c'eſt la différence de la matiere des exhalaiſons qui fait celle des effets.

§. IV.

§. I V.

Explication du quatriéme effet.

L'EPANCHEMENT de l'huile de la lampe ne doit eſtre attribué qu'à la compreſſion & au mouvement de l'air. Qui peut renverſer un homme par terre, peut bien ébranler une lampe ſuſpenduë en l'air par une corde, juſques à en répandre l'huile.

§. V.

Explication du cinquiéme effet.

I. POUR entendre de quelle maniere la pierre ſur laquelle on conſacre, a pû eſtre briſée & fenduë en deux, juſtement par le milieu, il faut ſçavoir, 1º, que cette pierre eſt d'ardoiſe, matiere aſſez fragile ; 2º, qu'elle a un pied de largeur, environ un pied & demi de longueur, & un pouce & demi d'épaiſſeur ; 3º, qu'elle estoit enchassée dans la table de l'autel, qui est de bois : mais tellement enchassée, qu'elle ne portoit que par les costez sur deux petites planches, chacune de trois pouces de largeur, lesquelles laissant entr'elles un espace de pres de six pouces, la pierre portoit à faux en cét endroit, & n'estoit soûtenuë de rien dans tout cét espace.

II. Il n'en faut pas davantage pour expliquer comment la foudre tombant sur cette pierre a deû la casser par le milieu. Car tout le monde sçait que lors qu'un corps est soûtenu par ses extrémitez, & qu'il est un peû fragile; rien n'est plus aisé que de le casser, en le frapant dans l'endroit où il n'est pas soûtenu, & où il porte à faux.

C'est ainsi que faisant porter les extrémitez d'un baston sur les bords de deux verres, & le frapant d'un autre baston par le milieu, on le brife en deux fans mefme ébranler les verres ; & qu'au contraire, on ne peut pas mefme failer une glace de miroir, quoy-que pour la polir on luy donne de toute fa force mille coups d'un poliſſoir de metail, pourveû que cette glace porte par tout à plein fur le plan fur lequel elle eft pofée. La raiſon de cela eſt, qu'on ne peut la preſſer en aucun endroit qui ne foit foûtenu par un pareil endroit du plan fur lequel elle porte ; & ainſi ce plan recevant tous les contre-coups des impreſſions qu'on fait fur la glace ; il ne fe peut faire qu'il ne la fauve du fracas, au lieu que n'y ayant rien qui reçoive le contrecoup du coup dont on frape un baſton poſé fur deux verres ; c'eſt une neceſſité qu'il fe brife pour peu qu'il foit fec.

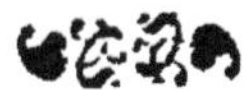

R ij

§. V I.

Explication du sixiéme effet.

I. **L**A division du carton, qui contenoit le Canon de la Messe, ne peut estre ni bien entenduë, ni bien expliquée sans quelques remarques.

Il faut donc observer, 1°, que ce carton estoit triple; c'est-à-dire composé de trois parties jointes ensemble par le moyen de quelques bandes de papier, qui laissoient entre ces parties assez d'intervalle pour qu'elles pussent se déployer & se ployer les unes sur les autres avec une égale facilité.

2°, Que ce carton s'est trouvé divisé d'un bout à l'autre; 1. à l'endroit de ces bandes, ce qui la réduit en trois piéces; 2. dans le fort du carton du milieu, qui estoit un peu plus large que les deux autres; ce qui a produit quatre piéces.

3° Qu'il paroift par l'infpe-
ction de ces deux derniéres parties, & des coftez par lefquels elles fe joignoient auparavant, que
cette divifion ne s'eft faite ni par
le glaive, ni par l'action du feu,
mais par un vray déchirement,
car ces coftez font tout dentelez
& pleins d'inegalitez.

4° Qu'avant la chute du tonnerre ce triple carton tout déployé eftoit étendu fur la pierre
qui a efté brifée; de-forte que la
partie du milieu répondoit jufte
au milieu de la pierre.

II. Avec ces obfervations il
eft aifé d'expliquer comment le
carton a efté divifé en quatre parties, fans que ces parties ayent
changé ni de place ni de fituation.

Car 1°, les parties des coftez
ne tenant à celle du milieu que
par quelques bandes de papier
aifées à caffer ou à déchirer, la
flamme du tonnerre lancée vio-

lemment sur ce carton, aura deû ou casser ou déchirer ses bandes. On peut sur cela prendre quel parti l'on voudra; l'un & l'autre estant également probables.

Il est probable qu'elles auront esté cassées : car ayant quelque largeur & nulle épaisseur en comparaison des cartons qu'elles joignoient, elles ne pouvoient remplir tout l'espace compris entr'eux; de sorte que le surplus de cét espace n'estant plein que d'air, il est aisé de juger que l'impression violente de la flamme sur toute l'étenduë du triple carton, aura deû comprimer cét air, jusques à casser les bandes qui le renfermoient. C'est ainsi que les blanchisseuses frapant d'un batoir sur leur linge, le cassent dans les endroits où il se trouve quelque portion d'air renfermée, si elles n'ont soin de luy faire quelque ouverture. C'est ainsi que d'une main frapant sur l'autre, fur laquelle on a difpofé une feuïlle d'arbre, de maniere à intercepter une certaine quantité d'air, on la caffe avec éclat.

Il eft encore probable que ces bandes auront efté déchirées : car il eft tres-difficile que frapant avec violence fur de la carte ou fur du papier, on n'en étende les parties. C'eft ainfi que les relieurs battant enfemble plufieurs feuïlles de papier fur une pierre, les étendent & les allongent en tout fens. Mais comme cette extenfion du papier ne peut aller que jufques à un certain terme, au-delà duquel fi l'on continuë à le battre, on le dechire; il peut bien eftre arrivé que l'impreffion de la flamme fur le carton, aura d'abord efté affez violente, pour dechirer les bandes de papier qui joignoient les parties de ce carton, & tout cela fans les déplacer notablement. Mais c'eft trop s'arrefter à des chofes trop aifées.

R iiij

2° La rupture du principal carton, juſtement par le milieu, & dans le fort de ſon épaiſſeur, eſt aſſurément moins facile à expliquer.

On pourroit peut-eſtre ſe figurer que le meſme coup de foudre qui a briſé la pierre de l'autel, aura fendu le carton qui la couvroit, & meſme que la rupture du carton aura deû précéder celle de la pierre qui eſtoit deſſous.

Mais on abandonnera cette penſée, & l'on verra bien au contraire que la rupture de la pierre aura precedé celle du carton, ſi l'on fait reflexion que lors qu'un corps dur & fragile eſt couvert d'un corps mou, s'ils ſont en meſme temps frapez du meſme coup, il n'arrive preſque jamais que ce qui a eſté capable de briſer le fragile, faſſe la moindre inciſion au corps mou ; & effectivement l'on voit tous les jours

des os de bras & de jambes bri-
fez, fans que la peau foit feulement entamée. La raifon eft que
les corps mous eftant pliables, ils
peuvent ceder & obéïr à un coup
fans fe rompre : au lieu que les
corps durs & fragiles eftant infléxibles, ils ne peuvent ceder fans
fe brifer.

III. Voicy donc quelque chofe de plus vrayfemblable. Quoy-
que la foudre tombant fur la
pierre n'ait pas deû, de l'effort de
fa chute, divifer la carte ; néanmoins ayant d'abord caffé la pierre, il eft fort apparent qu'elle aura fait fur cette carte, à l'endroit
qui répondoit à la fente de la
pierre, un peu plus d'impreffion
que fur fes autres parties, & que
cette carte eftant ployable aura
un peu cedé en cét endroit, &
formé une efpece de petit canal
le long de cette fente. Il n'en
aura pas fallu davantage pour déterminer la flamme à paffer par

cét endroit au travers de la carte , & à y paſſer avec d'autant
plus de facilité, qu'elle ne trouvoit rien de l'autre coſté qui luy
reſiſtaſt. Mais comme la fente de
la pierre eſtoit extrémement é-
troite ; & que c'eſt une loy inviolablement obſervée dans la Nature (comme nous l'avons déja ré-
marqué ſur le Tonnerre de Soiſſons) que les corps liquides redoublent la rapidité de leur mouvement à meſure qu'ils rencontrent un chemin plus étroit, on
peut bien penſer que noſtre flamme lancée, d'une part avec une
extréme violence, & ne rencontrant d'ailleurs au-delà du carton, qu'un chemin qui ne ſervoit
qu'à redoubler ſa rapidité ; elle
aura deû traverſer ce carton avec
tant de violence en cét endroit,
qu'il en aura deû eſtre dechiré
d'un bout à l'autre, ſans meſme
eſtre obligé de changer de place.

Et c'eſt juſtement ce qui eſt

arrivé : car les coſtez de ce carton qui ſe joignoient auparavant, marquent aſſez par les dents
& par les inégalitez qui y re-
gnent d'un bout à l'autre, ainſi
que nous l'avons obſervé cy-deſſus, qu'ils ont eſté vrayment de-
chirez.

IV. Mais afin qu'on ne croye
pas que ce que je viens de dire
du paſſage de la flamme par l'ouverture de la pierre, ſoit une imagination ſans fondement, en voicy deux preuves inconteſtables.
L'une que ce paſſage eſt encore,
& ſera apparemment long-temps
marqué ſur cette pierre, d'une
maniere auſſi ſenſible que ſi l'on
venoit actuellement de bruſler le
long de ſa fente une trainée de
poudre à canon. L'autre preuve
eſt que la flamme eſt effectivement entrée dans le coffre de l'autel; que s'y trouvant trop à l'é-
troit elle y a fait du fracas & é-
claté quelques morceaux de plan-

che, de dedans en dehors ; &
qu'il ne paroiſt pas qu'elle y ait
pû entrer que par les ouvertures
de la pierre.

§. VII.

Explication du ſeptiéme effet.

I. CE que nous venons de
dire pour l'explication du
ſixiéme effet facilitera beaucoup
l'intelligence du ſeptiéme : car il
eſt aiſé de comprendre que la
flamme du tonnerre ayant traver-
ſé la carte avec aſſez de rapidité
& d'effort pour la dechirer, elle
n'aura pas fait meilleure compoſition à la nappe d'Autel qui eſtoit entre le carton & la pierre,
& au tapis de ſerge qui eſtoit ſur
le carton ; & que ces étoffes s'eſtant rencontrées dans le chemin
par lequel la flamme enfiloit la
fente de la pierre, elles auront
deû avoir le meſme ſort que la
carte, & eſtre dechirées comme
elle,

elle, précisément à l'endroit qui
répondoit à cette fente. C'est aussi
ce qui est arrivé ; & ces étoffes
sont tellement dentelées & effi-
lées aux endroits de leur sépara-
tion, qu'il ne faut que des yeux
pour avoûër qu'elles ont esté vrayment déchirées.

II. Il ne paroistra peut-estre pas
si aisé d'expliquer pourquoy sur les
deux bouts des fentes de ces étoffes il y a deux autres ruptures,
en un sens different ; lesquelles,
avec les fentes susdites, forment
de ces especes de croix que l'on
appelle de Saint Anthoine, à peu
prés en la maniére qui suit.

S

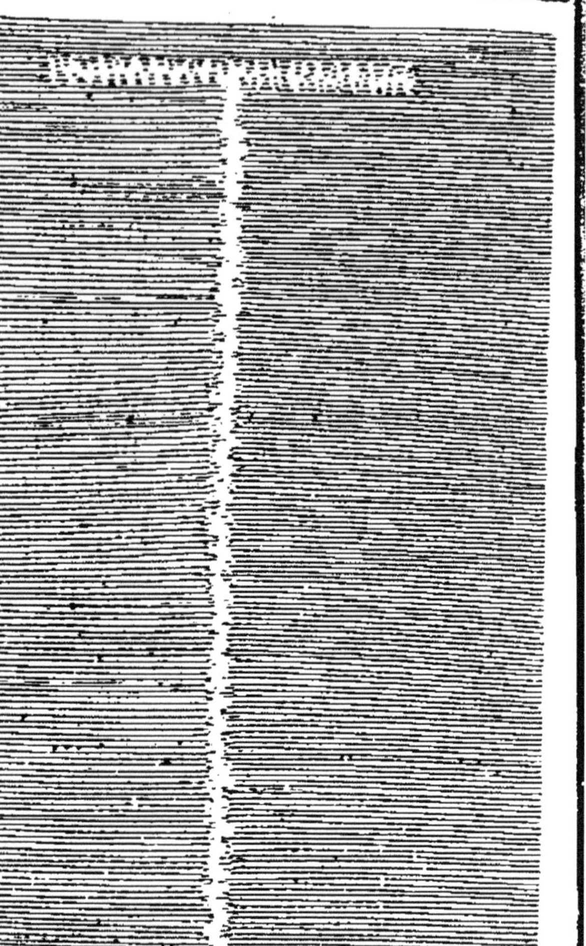

Cependant, si l'on prend garde que ces deux ruptures ne sont au plus que de six pouces de longueur ; si l'on remarque qu'elles arrivent précisément au defaut de la pierre, sur ses extrémitez & à l'endroit où nous avons dit que la pierre portoit à faux dans l'espace de six pouces , circonstances que j'ay moy - mesme observées en appliquant la nappe & le tapis sur la pierre ; enfin si l'on fait reflexion que la pierre n'a pû estre si éxactement enchassée dans la table d'autel, qu'il n'ait resté quelque ouverture entre elle & le bois : il sera malaisé de douter que ces ruptures ne soient arrivées, comme les autres, par l'impétueuse irruption de la flamme entre la pierre & le bois, justement aux endroits où la pierre portoit à faux ; car il n'y a pas moins de raison que ce dechirement soit arrivé en ces endroits, que sur la fente de la pierre.

S ij

Mais il n'a pû en arriver autant aux autres endroits entre la
pierre & le bois : parce que celle-là portant par tout ailleurs sur
des planches, celles-cy auront
deû soûtenir l'effort de la flamme
qui se presentoit pour passer ; &
empescher ainsi que les étoffes
n'ayent esté déchirées en ces endroits.

Je ne vois qu'une difficulté
qu'on puisse raisonnablement op-
poser à cecy ; & qui consiste à
sçavoir d'où vient que la flamme
du tonnerre n'a pas bruslé ces é-
toffes plûtost que de les dechirer. Mais comme l'éclaircissement de cette question dépend
de ce que nous avons à dire sur
les deux effets suivans, nous le
réserverons en cét endroit.

§. VIII.

*Explication du huitiéme &
neuviéme effet.*

I. A L'égard de ce que l'on
rapporte dans ces deux
articles, il y a du vray & du faux.
Ce qui eſt vray, c'eſt qu'on a
bien pû voir le grand autel tout
en feu ; mais il eſt faux qu'il ait
bruſlé les nappes & la dorure du
tabernacle : tout cela eſt encore
en ſon entier ; & aprés l'avoir
bien éxaminé, je n'ay pas trouvé que le feu ait bruſlé un ſeul
filet en nul endroit ; & ſans vouloir icy rappeller cét ancien &
fameux miracle du buiſſon ardent
qui bruſloit & ne ſe conſumoit
point, je tiens tres-poſſible qu'u-
ne partie de la flamme du tonnerre de Lagni ait reſté quelques
momens ſur l'autel ſans y rien
bruſler.

S iij

II. On n'aura pas de peine à se le perfuader, fi l'on veut bien faire réflexion que les flammes de tonnerre tiennent de la nature des exhalaifons dont elles font formées ; & que comme il eft de certaines exhalaifons graffes, & dont les parties font fort délicates & ont tres-peu de folidité, la flamme qui en refulte ne peut eftre que tres-legere, peu vive, peu incifive, & beaucoup voltigeante.

Telles font ces flammes qu'en certaines faifons de l'année, on voit voltiger fur des terres graffes, & que, par cette raifon, on appelle feux folets.

Telles eftoient celles qu'une perfonne m'a dit avoir veües avant le jour s'attacher à des chevaux de caroffe échauffez du travail : car ils les portérent affez loin fans qu'elles leur euffent bruflé feulement un poil.

Telles font enfin (pour ne pas

fortir de nôftre fujet) celles dont
il n'y a pas long-temps qu'un
homme inopinément frapé de la
foudre fe vit couvert, car on les
luy vit fecoûër de deffus fes ha-
bits avec la main, fans fe brufler, fe plaignant feulement qu'on
luy avoit tiré un coup de pif-
tolet.

Il y a donc bien de l'apparence que la flamme du tonnerre de
Lagni, eftoit de ces exhalaifons
graffes, pareilles à celles que je
viens de décrire. En effet, fi elle
n'a pas bruflé, elle a noirci, non-
feulement la pierre de l'autel, à
l'endroit par lequel elle l'a traver-
fée, comme nous l'avons déja remarqué; mais auffi la dorure du
quadre & du tabernacle en plufieurs endroits : car on y voit des
ondes noires, à peu prés comme
fi l'on y avoit paffé la flamme
d'une bougie pleine de poix-
réfine, & ainfi, comme c'eft là
le neuviéme effet, on voit bien

que le voilà à peu prés expliqué.

III. En effet, il n'y a qu'à dire
que de ce peloton de flammes qui
eſt tombé ſur l'autel, une partie
n'ayant pu paſſer par les fentes
de la pierre, parce qu'elles ne ſe
ſeront pas trouvées directement
en ſon chemin ; elle aura rejailli
ſur le tabernacle en diverſes petites portions, leſquelles en volti-
geant auront deû y laiſſer comme
des traces de leur paſſage, par ces
ondes noires qu'on y remarque.
Car il eſt tres-naturel que les parties inſenſibles de ces petites flammes, les plus diſpoſées à ſe con-
vertir en fumée, ſe ſoient ralen-
ties à la rencontre des parties
froides de l'or bruni qui couvre
le tabernacle : qu'elles s'y ſoient
unies & épaiſſies, & qu'en cét
eſtat elles y ſoient demeurées attachées. Cependant elles n'y tiennent pas ſi fort qu'on ne puiſſe,
en le frotant avec un linge, en

détacher quelque chofe de fort gras; ce qui prouve encore fenfiblement noftre conjecture fur la nature de la flamme de ce tonnerre.

IV. Il ne fera pas malaifé aprés cela de refoudre la queftion que l'on a propofée fur la fin du feptiéme §. d'où vient que la flamme de ce tonnerre n'a pas bruflé les étoffes au-travers defquelles elle a paffé, plûtoft que de les déchirer.

Sur cela il n'y a qu'à répondre que les parties infenfibles de cette flamme eftoient trop délicates & avoient trop peu de folidité, pour pouvoir ébranler celles des corps durs qu'elles rencontroient.

V. Mais, dira-t-on, elles ont bien eû la force de déchirer ces étoffes pour fe faire paffage, pourquoy n'en auroient-elles pas eû affez pour les brufler, puis que la bruflu-

re n'eſt qu'une eſpece de déchirement ?

Je répons qu'il faut mettre une
grande différence entre l'action
de tout un liquide ſur un ſujet,
& l'action de chacune de ſes parties inſenſibles priſe en particulier : grande différence entre le
mouvement direct & commun
de tout un peloton de flammes
contre un corps, & le mouvement ſingulier & circulaire de
chacune de ſes petites parties ſur
ce corps ; car c'eſt uniquement
par le ſecond, & nullement par
le premier, que la flamme bruſle.
Elle bruſle lors que chacune de
ſes petites parties piroüettant ſur
ſon centre, s'inſinuë avec ce mouvement dans les pores des corps
groſſiers, & en ébranle d'abord
les plus délicates parties qui ſervent enſuite à détacher les autres ; mais pour cela , l'on voit
bien qu'il eſt néceſſaire que les
parties de la flamme ayent quel-

que folidité & quelque roideur, ce que n'avoient pas celles de la flamme de noftre tonnerre.

Elle pouvoit encore bien moins brufler par le mouvement direct & commun de toutes fes parties, puifque les plus acres & les plus vives flammes peuvent bien rompre & brifer par ce mouvement, mais non pas brufler. Et en effet, nous avons veû que la flamme du tonnerre de Soiffons, qui eftoit beaucoup plus vive & plus pénétrante que celle-cy, eût bien la force de brifer des chevrons par fa chute, & par le mouvement commun de toutes fes parties, fans cependant en avoir bruflé la moindre alumette.

VI. Mais, repliquera-t-on : Si les parties infenfibles de la flamme du tonnerre de Lagni avoient fi peu de folidité, & eftoient fi délicates qu'elles paffoient au-travers des pores des corps groffiers, fans pouvoir les ébran-

ler , comment ont elles pû les déchirer ?

C'eſt, encore un coup, que ce déchirement s'eſt fait par le mou-vement commun de tout le pelo-ton de flammes ; & non pas par le mouvement particulier à cha-que petite partie.

Je conviens encore qu'entre toutes ces parties il y en aura eû pluſieurs qui auront paſſé au tra-vers des étoffes ſans avoir part à leur dechirement : parce qu'elles n'auront rencontré en leur che-min que des pores aſſez ouverts, pour ne leur faire nulle réſiſtan-ce ; mais toutes les autres qui au-ront rencontré les parties ſolides, auront deû conſpirer toutes en-ſemble à les forcer & à les dé-chirer.

VII. C'eſt ainſi que lors que le vent, qui n'eſt compoſé que de vapeurs extrémement rarefiées , vient à rencontrer les aîles d'un moulin ; pendant que pluſieurs de
ſes

ſes petites parties paſſent facilement au travers des petits trous
que le tiſſu des filets de la toile
laiſſe entr'eux, les autres donnant
contre les parties ſolides de ces
filets, les pouſſent avec tant de
force, qu'elles les déchirent ſi les
aîles ſont arreſtées ; ou ſi elles
ſont mobiles, elles les font tour-
ner violemment, & obligent de
grandes meules à piroüëtter avec
elles.

Il eſt donc tres-aiſé & tres-
concevable que la flamme du
tonnerre de Lagni ait dechiré
du linge & de la ſerge, ſans les
bruſler.

§. IX.

Explication du dixiéme effet.

I. C O M M E cét effet eſt de
tous le plus ſurprenant,
& que la cauſe n'en ſaute pas facilement aux yeux, j'avoüë qu'il
m'a donné ſeul plus d'affaires

T

que tous les autres at enfin, une espece d'imprimerie aussi nouvelle que celle-là, ne paroist pas aisée à expliquer; & il n'est pas facile de dire pourquoy un instrument, aussi nécessaire qu'une presse, s'appuyant également sur tous les caractéres qu'il rencontre, n'en imprime qu'une partie, & laisse les autres, quoy-que meslez avec les premiers, par un discernement dans lequel on a bien de la peine à ne pas trouver du dessein, de l'intelligence & de la sagesse. J'ay donc hesité plus d'une fois à prendre parti. Je l'ay pris cependant par provision, en attendant quelque chose de meilleur; & afin que l'on juge si je l'ay pris trop legerement, je ne rougiray pas de marquer icy mes tentatives, mes méprises, & enfin les divers pas qui m'ont conduit à la conjecture que j'ay formée.

II. Premiérement donc ne voulant me fier qu'à mes yeux de

ce qui est de leur ressort, je me rendis dans l'Eglise où le tonnerre estoit tombé; & les éclaircissemens que j'eûs de la veûë sensible des effets, me payérent bien de ma peine.

2° J'examinay avec beaucoup de soin la nouvelle impression sur la toile. Je la trouvay belle & nette, les lettres bien finies : mais l'encre un peu déchargée, je veux dire un peu pasle.

3° Comme Monsieur le Curé de Saint Sauveur (qui eût la bonté de me faire tout voir) m'assura que dans le moment de la chute du tonnerre, le triple carton, qui contenoit le canon de la Messe, estoit déployé entre le tapis & la nappe de l'autel, au-dessus de la pierre sur laquelle on consacre, & tellement renversé, que le costé imprimé portoit immediatement sur la nappe; je comparay l'impression du tonnerre avec celle des hommes, & je

trouvay que ce n'eſtoit pas ſimplement le meſme caractere, mais
auſſi le meſme ſens, le meſme diſ-
cours, le meſme arrangement de
mots, de lignes, de diſtances, de
lettres grandes & petites : enfin le
meſme ordre & la meſme diſpo-
ſition ; avec cette ſeule difference
que les lettres eſtoient renverſées
de droit à gauche ; je veux dire que le coſté, qui ſur le carton,
tenoit la droite, eſtoit à gauche
ſur la nappe : de ſorte que l'on
ne pouvoit facilement lire cét é-
crit, ou que par derriere au travers de la nappe, ou par l'entre-
miſe d'un miroir qui redreſſoit
les lettres.

4° Enfin je remarquay que les
paroles que le tonnerre n'avoit
pas imprimées ſur la nappe, &
qu'il avoit omiſes, quoy-que meſlées avec les autres ; que ces paroles, dis-je, ſe trouvoient en lettres rouges ſur le carton ; & qu'en
cela elles n'avoient eſté ni plus

privilegiées ni plus maltraitées
que quelques autres traits qui ne
signifient rien; & lesquels estant
en rouge sur le carton, ne se trouvoient point imprimez sur la
nappe.

5°. J'avoüe néanmoins de bonne foy ce que l'on me fit remarquer, que la premiere lettre de ces
paroles, *Qui pridie*, c'est-à-dire,
le Q. qui estoit en rouge sur le
carton, se trouvoit aussi ébauché
en rouge sur la nappe : mais d'u-
ne maniere si superficielle & si
peu formée, qu'il falloit sçavoir
de quoy il s'agissoit, pour deviner que c'estoit un Q.

III. De quelque surprise que
j'eusse esté frapé à la veüe d'un
événement si nouveau, elle n'auroit pû tenir long-temps contre des éclaircissemens si instru-
ctifs; & ils m'en dirent d'abord
assez pour me faire comprendre
que cette impression estoit parfaitement naturelle, quoy-que je ne

visse pas encore bien distinctement toutes les causes qui y a-
voient eû part.

IV. Il me parut toûjours bien
constant que l'une de ces causes
devoit estre une application violente du carton sur la toile. Je
me souvenois que lors que des
relieurs battent violemment des
feuïlles nouvellement imprimées,
s'il se rencontre entr'elles quelque feuïlle de papier blanc, elle
demeure imprimée des caractè-
res de celles qui la touchoient;
mais je jugeois aussi que cela n'arrive que parce que l'encre de ces
feuïlles n'estant pas encore bien
séche, & conservant quelque humidité, elle peut par un contact
un peu violent se communiquer.

Je trouvois bien ce contact
violent dans l'impression que le
tonnerre fit sur la carte qui portoit le canon: mais il n'y avoit
nulle apparence de prétendre que

l'encre de ces caractéres n'euſt pas eû le loiſir de ſecher.

V. Pour lever donc cette difficulté, j'entray avec un homme de mérite, dans la penſée que le carton & la nappe d'autel devoient avoir contraćté quelques vapeurs & quelque humidité, comme il arrive aſſez ſouvent aux meubles d'égliſe; qu'ainſi la flamme du tonnerre traverſant ce carton, avoit deû pouſſer ces vapeurs devant elle juſques ſur les caractéres qui eſtoient de l'autre coſté (à peu prés comme il arrive aux vapeurs engagées dans une planche verte, lors qu'on la preſente au feu) & qu'enfin ces vapeurs ainſi ralliées ſur ces caractéres auroient pû les humećter aſſez pour qu'ils puſſent ſe communiquer à la nappe.

Et à l'égard des lettres rouges, je me diſois que la raiſon par laquelle il ne leur en eſtoit pas arrivé autant, c'eſt que le vermillon dont il eſt compoſé, devoit eſtre beaucoup plus ſec & plus deſſechant que le noir qui entre dans l'encre des imprimeurs.

VI. Cependant, comme je me défiois un peu de cette conjecture, je ſongeay à m'en aſſeûrer par des épreuves: car je ne doutois nullement que ſi les choſes s'eſtoient paſſées comme je le ſoupçonnois, je ne puſſe parvenir à faire par art une pareille impreſſion ſur de la toile.

Je fis donc humecter un carton imprimé, j'en appliquay les caractéres immédiatement ſur une toile auſſi humectée; & enſuite, d'un fer chaud, plat & uni, je fis ſur le carton pluſieurs impreſſions aſſez fortes; mais quelque précaution que j'imaginaſſe & que j'apportaſſe, jamais rien ne s'imprima ſur la toile.

VII. Il n'en fallut pas davantapour me faire abandonner ma conjecture. Je me ſouvins alors que les parties de l'eau font fort differentes de celles de l'huile qui entre dans l'encre des Imprimeurs : que c'eft ce qui fait que ces deux liqueurs ne fçauroient fe mefler ; & qu'ainfi j'avois beau faire paffer de l'eau au travers de ces lettres, jamais elles n'enleveroient affez de teinture pour imprimer la nappe.

VIII. Cette méprife me fit prendre la réfolution de m'informer, avant toutes chofes, des drogues qui entrent dans l'encre & dans le rouge des Imprimeurs ; jugeant bien que c'eftoit fur cette connoiffance que je devois découvrir les rapports que ces teintures pouvoient avoir eûs avec la flamme de noftre tonnerre. J'écrivis donc, & voicy le mémoire qu'un Imprimeur expérimenté m'envoya.

L'encre de l'imprimerie eft compofée de noir de fumée, d'huile de noix ou de lin, avec de la téré-

benthine. Le rouge est composé de vermillon, des mesmes huiles & de térébenthine. ,

Mais parce que le vermillon est beaucoup plus acre que le noir de fumée, & seche aussi davantage; on n'y met que deux livres de té-rébenthine dans trois pintes d'huile; & pour le noir, on met quatre li-vres de térébenthine dans quatre pintes d'huile.

Je m'informay encore de quelques peintres, des qualitez du vermillon; & ils convinrent qu'il estoit extrémement sec & desséchant; ajoûtant qu'on l'employoit mesme pour faire secher les autres couleurs.

IX. Avec ces lumiéres & les diverses observations que j'avois faites sur la nature de la flamme de nostre tonnerre, je crus pouvoir parvenir à une conjecture plus solide que la premiere; & expliquer non - seulement l'im-pression des caractéres noirs, mais auſſi la *ſuppreſſion* des rouges ; & ainſi pour y aller plus ſeûrement, je crus me devoir faire divers de-grez par les réflexions ſuivan-tes.

1° Que les corps liquides ne different des corps durs, qu'en ce que les parties inſenſibles des corps durs ſont en repos les unes auprés des autres plus ou moins à proportion de leur dureté; & que les parties inſenſibles des corps liquides ſont dans l'agita-tion plus ou moins, à proportion de leur liquidité.

2° Que tout ce qui entre dans l'encre de l'imprimerie, eſt ou li-quide, ou fort approchant du li-quide: mais d'un liquide gras & gluant. Rien de plus gras qué l'huile, rien de plus gluant qué la térébenthine, rien de plus gras entre toutes les teintures que le noir de fumée.

3° Qu'il y a cette difference entre la maniére dont ſe ſechent

les corps durs abreuvez de diverses liqueurs : que si ces liqueurs
sont de l'eau, du vin, ou autres
semblables, les corps durs ne se
sechent que par l'évaporation de
ces liqueurs, & par le détache-
ment successif de leurs parties insensibles qui s'estoient engagées
dans leurs pores. Mais si ces liqueurs sont grasses & gluantes,
comme de l'huile, de la térébenthine & autres semblables ; les
corps durs se sechent par la fixa-
tion de la plufpart des parties insensibles de ces liqueurs, qui ne
se lient pas simplement ensemble, mais qui s'attachent encore
fortement aux corps durs.

La raison de cette difference
vient de celle qui se trouve entre les parties des corps gras
& gluans ; & celles des autres liqueurs, car les parties de l'eau,
par éxemple, estant unies & glif-
santes, elles ne s'engagent pas tellement entre les parties des corps
durs,

durs, qu'elles ne puiffent en eftre dégagées par l'action d'une cha-leur moderée : au lieu que les par-ties des liqueurs graffes & gluan-tes eftant branchuës & de figures propres à s'embaraffer & à fe lier, elles fe lient effectivement entr'el-les, & s'attachent fi étroitement aux corps durs, qu'elles font en quelque façon corps avec eux, & qu'elles ne peuvent que tres-difficilement en eftre déta-chées.

4° Qu'ainfi l'encre de l'impri-merie, lors qu'elle eft feche, n'eft qu'un compofé de diverfes li-queurs graffes, qui par les figu-res embaraffantes de leurs parties fe font figées & fixées fur le pa-pier, de maniere à former fur fa furface une efpece d'écorce fort adhérente.

5° Que par confequent pour rendre liquide l'encre d'un vieil imprimé, il n'y a qu'à trouver un diffolvant propre à rendre aux parties de l'encre leur premiére agitation.

6º Que les parties des corps semblables, eſtant de figure semblable, s'ajuſtent mieux enſemble, & ſont plus propres à ſe lier & à convenir dans les meſmes mouvemens, que les parties de tous les autres; & cecy eſt le vray fondement de tous les effets qu'on attribuë à la ſympathie & à l'antipathie.

7º Que l'exhalaiſon qui formoit la flamme du tonnerre de Lagni, eſtoit extrémement graſſe & huileuſe, comme on l'a fait voir dans le §. huitiéme; mais que ſes parties eſtoient fort délicates, & dans une fort grande agitation, & par conſéquent d'une fort grande liquidité.

A peine eus-je fait ces réflexions, que je crus y voir aſſez nettement la cauſe de l'impreſſion des caracteres noirs ſur la nappe de l'autel; & qu'il me parut que la flamme du tonnerre en estoit l'unique cause. Car enfin, disois-je, pour imprimer une nappe il ne faut que trois choses, 1. des caractéres, 2. de l'encre liquide dans ces caractéres, 3. une violente application des caractéres sur la nappe. Le carton imprimé renversé sur la nappe, nous fournit les caractéres teints d'une encre séche. L'effort dont la flamme se précipita sur le carton, nous donne l'application violente. Il ne reste donc plus que de rendre à l'encre seche sa premiére liquidité. Or je ne pouvois douter, & je ne doute point encore (quoyque je ne le donne que comme une conjecture) que

La flamme du tonnerre de Lagni n'ait esté par elle-mesme plus capable qu'aucune autre liqueur, de rendre à l'encre du carton assez de liquidité pour teindre la nappe de l'autel.

En voicy la preuve fondée sur les réflexions précedentes.

V ij

Preuve.

Pour rendre la liquidité à un corps qui l'a perduë, & qui s'est figé ou fixé sur un corps dur, il ne faut qu'un dissolvant propre à rendre à ses parties insensibles leur première agitation : puis que (par la première & la cinquiéme reflexion) la liquidité d'un corps ne consiste que dans l'agitation de ses parties insensibles.

Or, par la deuxiéme, troisiéme & quatriéme reflexion, l'encre d'un vieil imprimé, tel qu'estoit celle du carton, n'est qu'un composé de diverses liqueurs grasses tellement figées & fixées sur le papier, qu'elles n'ont plus de liquidité ; & la flamme du tonnerre de Lagni estoit un dissolvant plus propre qu'aucun autre corps, à rendre aux parties insensibles de cét encre leur première agitation.

Donc la flamme de nostre ton-

nerre eſtoit plus capable qu'aucune autre liqueur de rendre à
l'encre du carton aſſez de liquidité pour teindre la nappe de
l'autel.

La majeure de cét argument,
& la premiere partie de la mineu-
re portent leurs preuves avec elles. Voicy la preuve de la ſeconde partie.

Nul diſſolvant n'eſt plus propre à rendre la premiére agitation à un corps qui a perdu ſa
liquidité, qu'un liquide de meſme nature, ſur tout ſi ſes parties
ſont aſſez ſubtiles & aſſez agitées
pour aller fureter dans tous les
recoins où celles du premier liquide ſe feroient engagées, &
pour les en dégager. Puiſque (par
la ſixiéme reflexion) les parties
des corps ſemblables eſtant de figures ſemblables, ſont plus propres, que celles de tous les autres
corps, à ſe lier & à concourir dans
les meſmes mouvemens.

V iij

Or, par la septiéme réflexion, la matiére de la flamme de nostre tonnerre estoit de mesme nature, que celle de l'encre : c'est-à-dire, grasse & huileuse ; & ses parties estoient fort délicates & fort agitées :

. Donc nul dissolvant n'estoit plus propre que cette flamme, à rendre aux parties insensibles de l'encre leur premiére agitation.

XI. Tout est prouvé dans cét argument, & je ne sçay s'il ne pourroit point avoir force de démonstration dans l'esprit de bien des gens.

Et ainsi l'on voit que la flamme de nostre tonnerre a fait presque tous les frais de cette impression.

1° Elle a fourni la presse par son irruption violente sur le carton, & par le mouvement commun de toutes ses parties.

2°. Elle a fourni le dissolvant de l'encre, par la subtilité & l'a-

gitation particuliére de *ses par-*
ties infenfibles.

3° Elle a mefme fourni une
partie de cette encre, & aug-
menté la quantité de celle qui
eftoit fur le carton : plufieurs de
fes parties les plus difpofées au
repos s'eftant liées avec celles
du carton, & eftant allées avec
elles fe figer fur la nappe d'autel :
car nous avons tantoft remarqué
que celles qui s'eftoient ainfi figées fur la dorure du tabernacle,
y avoient laiffé une efpece de
teinture noire, qu'on peut bien
regarder comme du noir de fumée.

XII. Voilà donc *l'impreffion*
des caractéres noirs expliquée, ce
me femble, d'une maniére affez
fimple & affez naturelle. Mais
auffi ce n'eft encore qu'une partie du myftere ; le capital eft d'expliquer la *fuppreffion* des lettres
rouges : car c'eft en cela fur tout,
que l'on fait confifter le merveil-

leux de cét événement; & l'on prétend que ce n'eſt que parce qu'elles formoient par leur aſſemblage les plus ſacrées paroles du canon, & nullement parce qu'elles eſtoient rouges, qu'elles ont eſté paſſées.

Mais ſans nous arreſter à tout ce que l'on pourroit ſi raiſonnablement oppoſer à cette prétention; ſi l'on ſe ſouvient de ce que nous avons dit auparavant, que le tonnerre a auſſi ſupprimé quelques traits rouges qui eſtoient ſur le carton, & qui conſtamment n'enfermoient nul myſtere; l'on verra bien qu'il n'en a cherché nul dans la ſuppreſſion du reſte, & ainſi je réduis tout ce que j'ay à dire ſur ce ſujet à ce ſimple raiſonnement.

Lors que l'on a une cauſe naturelle d'un effet qui paroiſt ſurprenant, il eſt contre les regles du bon ſens de recourir aux myſteres & aux miracles.

Or dans la compoſition du rouge d'imprimerie nous trouvons une raiſon fort naturelle de la *ſuppreſſion* de tout ce qui pottoit cette couleur ſur le carton.

Il ſeroit donc contre le bon ſens de recourir aux myſtéres & aux miracles pour l'expliquer.

Et ainſi je m'en tiendray à expoſer cette raiſon le plus nettement qu'il me ſera poſſible.

Elle eſt toute compriſe dans la difference de la compoſition de l'encre & du rouge d'imprimerie, telle qu'on me l'a marquée cy-deſſus. La voicy.

1º L'huile & la térébenthine entrent dans l'encre. Elles entrent auſſi dans le rouge : juſques-là tout eſt égal.

2º Mais pour l'encre on met quatre livres de térébenthine dans quatre pintes d'huile. Et pour le rouge, on ne met que deux livres de térébenthine dans trois pintes d'huile : grande difference.

3º Enfin, pour l'encre on employe du noir de fumée; & ce noir est extrémement gras & huileux. Et pour le rouge on se sert de vermillon; & le vermillon est extrémemnt sec, acre, pesant, & dessechant.

Y a-t il rien de plus different, & faut-il chercher ailleurs que dans ces differences, la raison de *l'impression* des caractéres noirs par la flamme de nostre tonnerre, & de la *suppression* des caractéres rouges?

Toute la raison donc est, qu'à cause de ces différentes dispositions, cette flamme a trouvé facilité de rendre à l'encre sa liquidité; & qu'elle n'en a point trouvé de la rendre au rouge; & voicy comment.

Cette flamme estoit un dissolvant fort gras & fort huileux, comme nous l'avons remarqué. Elle a trouvé dans l'encre deux fois plus de matiéres huileuses &

gluantes que dans le rouge. Au contraire elle a trouvé dans le rouge deux fois plus de feche-reſſe que dans l'encre : quelle merveille donc qu'elle ait pû diſ-foudre l'une & non pas l'autre ? quelle merveille qu'elle n'ait pas pû dégager le peu de parties hui-leufes qui eſtoient comme enfeve-lies fous le poids & la folidité du vermillon ; ou du moins qu'elle n'en ait pas pû dégager un aſſez grand nombre, pour luy redon-ner aſſez de liquidité ; & qu'elle en ait dégagé aſſez dans l'encre, qui n'eſt 'prefque qu'un tas de parties graſſes & huileufes, lef-quelles en cét eſtat, n'ont pref-que pas d'autre obſtacle au mou-vement , que celuy qu'elles fe font fait elles-mefmes, en s'em-baraſſant les unes dans les au-tres ? Voilà donc, ce me femble tout le myſtére expliqué fans grand myftere.

Mais il y en a encore un que

l'on ne me pardonneroit pas d'a-
voir paſſé : c'eſt l'expreſſion de
la premiére lettre de ces paroles,
Qui pridie, &c. mais en verité elle
eſtoit ſi peu marquée, que comme
je l'ay déja dit, il falloit ſçavoir
à quoy elle avoit rapport, pour
la deviner, & de plus le peu de
rouge qui paroiſſoit eſtoit ſi ſu-
perficiel, que cela ne mériteroit
pas qu'on s'y arreſtaſt. Voicy cependant la raiſon que j'en imagine.

Cette lettre eſtoit initiale & à
la teſte de toute une page. Il n'en
faut pas davantage pour faire juger qu'elle devoit donc eſtre beaucoup plus grande que les autres,
& que ſes traits devoient eſtre plus
gros, plus marquez & plus char-
gez de rouge. Il a donc pû ſe
faire que la flamme du tonnerre
traverſant cette lettre, aura ral-
lié aſſez de parties huileuſes pour
porter quelque legere teinture ſur
la nappe : ce qui ne ſera pas arrivé

rivé aux autres lettres : parce
qu'elles eſtoient moins chargées
de rouge.

Concluſion.

Au reſte il importe fort peu
que ces effets ſoient arrivez préciſément par les cauſes que j'ay
alleguées, ou par d'autres ſemblables : il me ſuffit que l'on voye
une liaiſon poſſible entre ces effets & ces cauſes, & qu'on re-
connoiſſe qu'ils auroient pû arriver par ces ſeules voyes ; car
c'en eſt aſſez pour détourner tout
ce qu'il y a de gens raiſonnables,
de recourir aux Intelligences bon-
nes ou mauvaiſes, pour l'explication de ces effets.

D'autres pourront à cette fin
former des hypotheſes plus juſtes
& plus approchantes de la vérité, & je le verray avec plaiſir. Il
eſt bon qu'on en forme pluſieurs,
pourveû qu'elles ſoient phyſiques:
car il faut comme accabler d'évi-

X

dence les superstitieux, pour les faire revenir de cét esprit de mystere, qui leur en fait chercher & trouver jusques dans les choses les plus naturelles.

Les conjectures que je viens de donner, quelles qu'elles soient, peuvent toûjours servir à faire voir que si ces grands & ces extraordinaires évenemens estoient éclairez de prés, & qu'on eust soin d'en retrancher tout ce que l'esprit de superstition & la passion pour les miracles prennent plaisir à outrer, & d'y ajoûter tout ce que la négligence & l'inadvertence des observateurs laisse malheureusement échaper; il y auroit peu d'effets dont on ne pust rendre des raisons assez claires; & l'on delivreroit le monde, non-seulement de mille phantômes effrayans qu'on se forme à la veûë de ces évenemens; mais aussi de mille fascheux ombrages, mille ridicules soupçons, mille

terreurs paniques, & mille crain-
tes sur l'avenir dont on se sent
agité malgré soy.

F I N.

Permission.

PERMIS d'imprimer. Fait ce
dix-septiéme jour de Février.
1689.

DE LA REYNIE.

9 782019 940492